# マンガでわかる 物理のキホン

著 松井 シノブ
マンガ Kyata

新星出版社

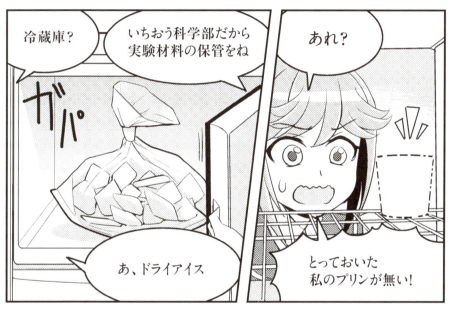

# CONTENTS もくじ

プロローグ …………………………………………………………… 2

## 第1章 力のつり合いと作用・反作用の法則

1. 力の分解と合成 ……………………………………………… 14
2. 重心 …………………………………………………………… 24
3. 作用・反作用の法則 ………………………………………… 28
4. 物体系にはたらく力 ………………………………………… 32
5. 垂直抗力 ……………………………………………………… 36
6. 力のつり合いと外力 ………………………………………… 38
7. 作用・反作用とつり合いの具体例 ………………………… 46
8. 非接触ではたらく作用・反作用の力 ……………………… 50

## 第2章 慣性の法則と運動方程式

1. 力学の約束事 ………………………………………………… 56
2. 等速直線運動 ………………………………………………… 60
3. 等加速度直線運動 …………………………………………… 65
4. 慣性と運動の第1法則 ……………………………………… 68
5. 運動の第2法則（ニュートンの運動方程式）……………… 78
6. 単位の話 ……………………………………………………… 84

## 第3章 重さと質量

1. 自由落下 ……………………………………………………… 90
2. 自由落下の加速度 …………………………………………… 98
3. 質量と重さ ………………………………………………… 102
4. 重力質量と慣性質量 ……………………………………… 106
5. 重さと質量の関係 ………………………………………… 110
6. 質量と重さのはかり方 …………………………………… 114
7. 質量と重さの単位 ………………………………………… 118
8. 人工衛星 …………………………………………………… 121

## 第4章 重力と万有引力

1. 重力と万有引力 …… 126
2. 万有引力の法則 …… 132
3. キャヴェンディッシュの実験 …… 139
4. 運動の独立性 …… 142
5. 円運動 …… 144
6. スイングバイ …… 152
7. 地球と月：重力による結びつき …… 154
8. ケプラーの法則－万有引力発見の契機 …… 160

## 第5章 運動の相対性

1. 無重量状態 …… 166
2. ガリレオの相対性原理 …… 172
3. 慣性系と非慣性系 …… 175
4. 回転座標系と遠心力 …… 180
5. コリオリの力 …… 186

## 第6章 運動量保存の法則

1. 運動量 …… 194
2. 力積 …… 196
3. 運動量保存の法則 …… 201
4. 反発係数 …… 204

## 第7章 エネルギー保存の法則

1. 仕事とエネルギー …… 212
2. 運動エネルギーと位置エネルギー …… 218
3. エネルギー保存の法則 …… 222
4. いろいろなエネルギー …… 228

エンディング …… 234
さくいん …… 236

# 力のつり合い と作用・反作用 の法則

**この章でわかること**

- 「力」を表す「ベクトル」って?
- 「作用・反作用の法則」ってどんな法則?
- 「力のつり合い」と「作用・反作用の法則」の違いは?

# 1 力の分解と合成

>> 力のつり合いとは？

## 重さとは？ 質量とは？

2人で荷物を持っているときの力の関係を図にするとこうなります。

● 荷物の重さと支える2人の力がつり合っている状態

荷物は静止しているので、荷物の重さとそれを支える2人の**力がつり合っている状態**です。

力がつり合うと静止する？

そうですね。

力がつり合っていなければ荷物は力の強いほうへ動きます。

そりゃそうだよね。

ちなみに重さというのも力のことなんですよ。

重さが力…
あ？ 重力？

そういうことです。

重力が物体に加える力

つまり、**地球が物体を引っ張る力が物体の重さ**なんです。

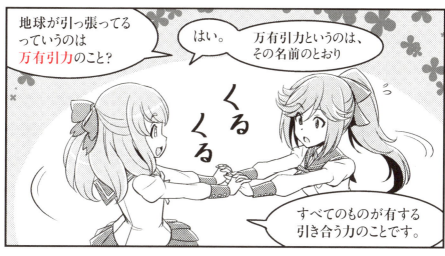

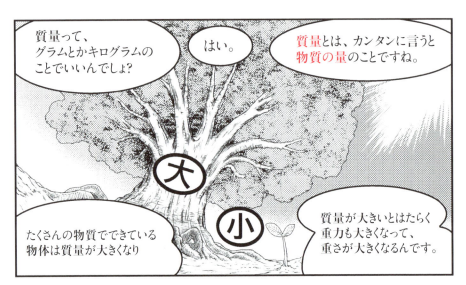

●荷物の重さと2人の力がつり合っている

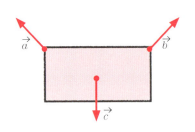

# 力のつり合いと作用・反作用の法則 第1章

## ≫ ベクトルで力を表す

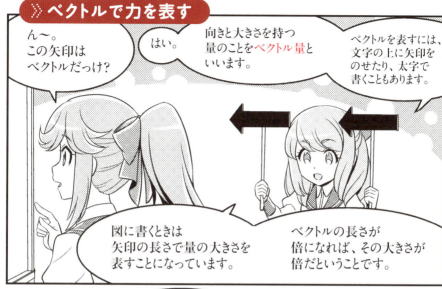

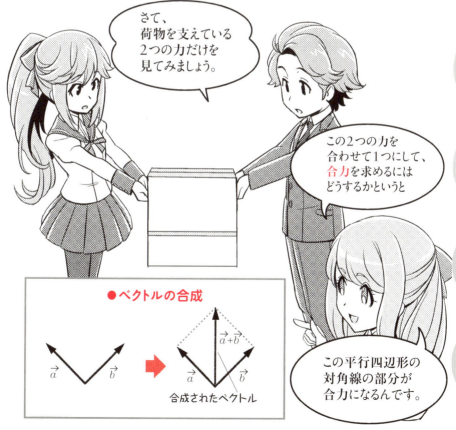

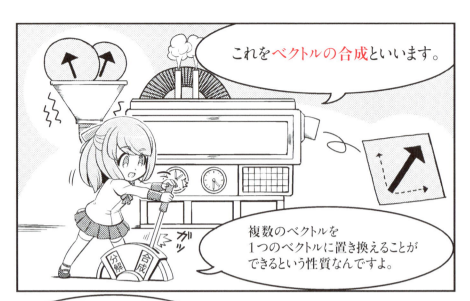

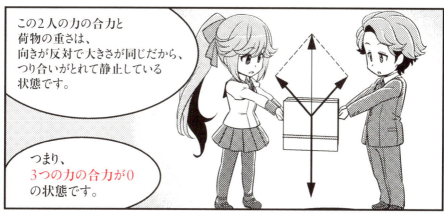

## 吊り橋を支える力をベクトルで考えてみる

● 斜張橋

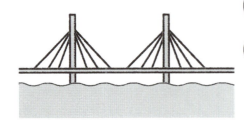

# 力のつり合いと作用・反作用の法則 第1章

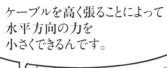

● 斜張橋にはたらく力

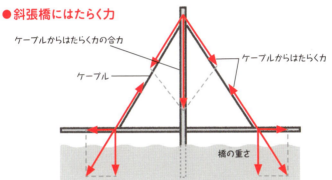

# 2 重心

## 》重心とは?

ところで、物体の運動や力のつり合いなどを考えるときは、その物体の**重心**がどんな状態にあるのかを考えるんです。

重心はよく使う言葉よね。

重心は物体の重さの中心、正確には**質量の中心**のことです。重心の位置は物体の形や重さの分布の仕方によって変わりますね。

### ●物体の形による重心の位置の違い

 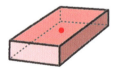  

重心の位置をカンタンに知る方法がありますよ。物体にひもをつけて吊したとすると、重心はその吊るした線上にあるんです。これを利用すると重心の位置がわかるんですよ。

へー。

力のつり合いと作用・反作用の法則 第1章

### ●かんたんな重心の求め方（ノートを使った例）

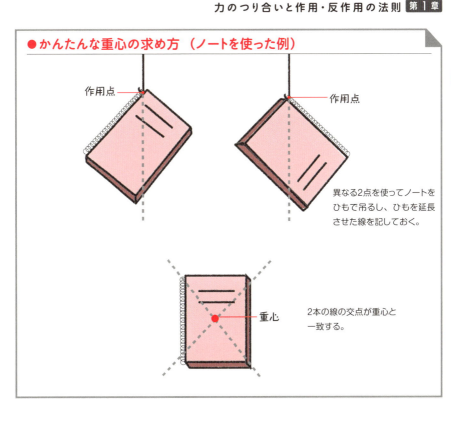

異なる2点を使ってノートをひもで吊るし、ひもを延長させた線を記しておく。

2本の線の交点が重心と一致する。

今みたいに物体をひもで支えているとき、力はひもを通して物体に伝わっています。この物体とひもの接点のことを力の**作用点**といって、**物体に力がはたらくときは必ず作用点がある**んです。そして**力のベクトルはこの作用点を始点にして描かれる**んです。

そういえばそうやって描くわね。

じゃあ、物体に重力がはたらくときの作用点はどこになるの？接点はないし。

それが重心になるんです。物体の質量の中心である重心が重力の作用点になるんですよ。

重力の作用点は重心だから、重さをベクトルで表すときは重心を始点にして描くってことね。

● 物体にはたらく重力を表すベクトル

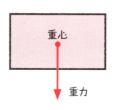

そのとおりです。

## ≫ 重心の運動

じゃあ、運動する物体の重心の動きがどうなるか。この写真を見てください。ハンマーを放り投げたときの連続写真です。

回転しながら動いてるね。

● ハンマーの端が描く軌跡

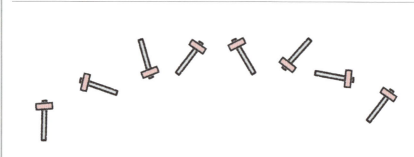

そして、ハンマーの端と重心、それぞれの描く軌跡を書き足したものがこれです。

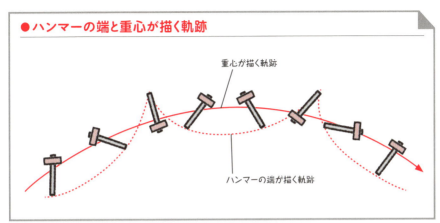
●ハンマーの端と重心が描く軌跡

重心が描く軌跡

ハンマーの端が描く軌跡

へー、きれいな線だわ。端はちょっと複雑な動きをしてるけど、重心の軌跡はすっきりしているね。

きれいですよね！ ハンマーが回転しながら飛んでいても、重心は放物線を描いて動くんです。もし、ハンマーと同じ質量のボールを同じ力で同じ向きに投げたら、同じ放物線を描いて運動をするんですよ。

重心は運動の中心でもあるんだね。
けっこう面白いかも。またなんか教えてよ！

そうだね！ ところで、タマちゃん。入部決定でいいんだよね？

ん〜、わかりました！ でも、ちゃんと部活やってくださいよ〜！

# 3 作用・反作用の法則

## 作用・反作用の法則とは？

 こんにちは。今日も来てみました。

 おっ、タマちゃん。

 こんにちは！ 部員になったんだから遠慮しないでね。私たちはだいたい毎日いるよ。

 あのさ、考えてたんだけど。重さを感じるって、地球の重力を感じることなんだよね。

 そういう感覚！ 大事なことだと思います!!

 そ、そうなの？

 もっと勉強すれば宇宙の果てのことだって、感じることができると思うんです。だから物理が好きなんです。

力のつり合いと作用・反作用の法則 第1章

ふ〜ん、壮大だわね。ちょっと素敵。

じゃあ、力の話の続きをしましょうか！

とりあえず手近なところからね（笑）。

手に物体を持った状態を図に描くとこうなります。

●物体を持ったときにはたらく力

Ⓐ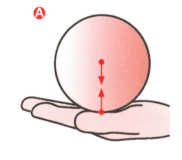

Ⓑ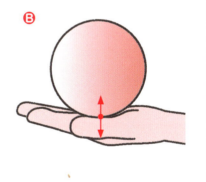

2つあるね。ベクトルが違うけど。

はい。Ⓐは昨日話した**力のつり合い**についての図です。物体にはたらいてる力がどうつり合っているかを表しています。物体の重さと物体を支える力がつり合っている様子ですね。一方、**Ⓑは力の作用点である物体と手の接点で、どんな力がはたらき合っているか**を示した図です。

はたらき合う?

はい。物体の重さが手にかかると、物体は手から逆向きの力を受けるんです。

力を加えると力を受ける?

「物体が他の物体に力を加えれば、その力と逆向きで同じ大きさの力を必ず受ける」という原則があるんです。これは**作用・反作用の法則**というもので、力学の大事な原則の1つです。**運動の第3法則**ともいいますよ。

あー、遠い昔に習った覚えが…。

たぶん、そんなに遠くないぞ。

## 力のつり合いと作用・反作用の違い

その作用・反作用の力がはたらき合うのは、つり合うのとは違うの?

作用・反作用の関係も力のつり合いも、大きさが同じで向きが逆向きの力のペアなので混同しがちですよね。でも、まったく違うものなんです。カンタンな見分け方がありますよ。さっきの図を見てくださいね。力がつり合った状態では1つの物体にはたらいているすべての力がつり合っていて、物体は静止しています。一方、作用・反作用の関係にある力は、**必ず2つの物体の間ではたらき合っている力**なんです。

# 力のつり合いと作用・反作用の法則　第1章

なるほど〜たしかに違うね。Ⓐは1つの物体にはたらいている力だからつり合い。Ⓑは2つの物体の間ではたらき合う力だから作用・反作用の力か。

運動の第3法則といえば、たしか第1法則や第2法則もあったよね？

はい！　3つの運動の法則は、力学の根幹をなすものですね。運動の法則をまとめ上げたのは、あのイギリスの科学者**ニュートン**ですよ。

アイザック・ニュートン
（1643〜1727年）
イギリスの物理学者・数学者

## ●ベクトルの表し方

高校までの教科書だと、ベクトルはローマ字の変数の上に矢印を乗せることで表します。
たとえば $\vec{F}, \vec{a}$ という表記です。
大学以上の教科書になると、違う書き方をすることが多くなります。変数は斜字（イタリック体）で表し、ベクトルを表す変数は斜字の太字で書く表記法です。たとえば、質量 $m$、力 $\boldsymbol{F}$ といった表記になります。
この本でも、ベクトルを表すときは、斜字の太字での表記を使いますから覚えておいてくださいね。

31

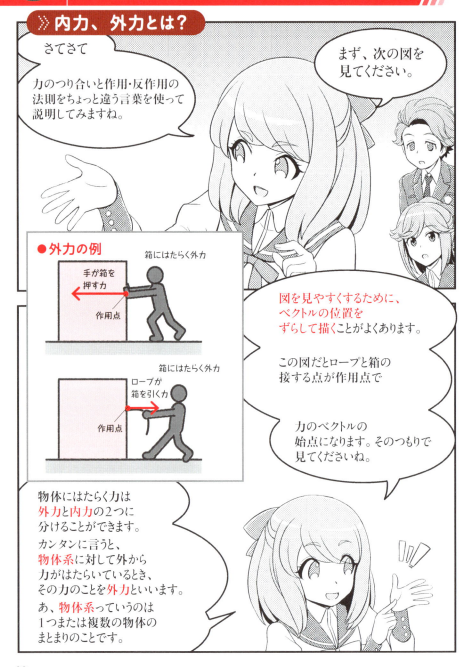

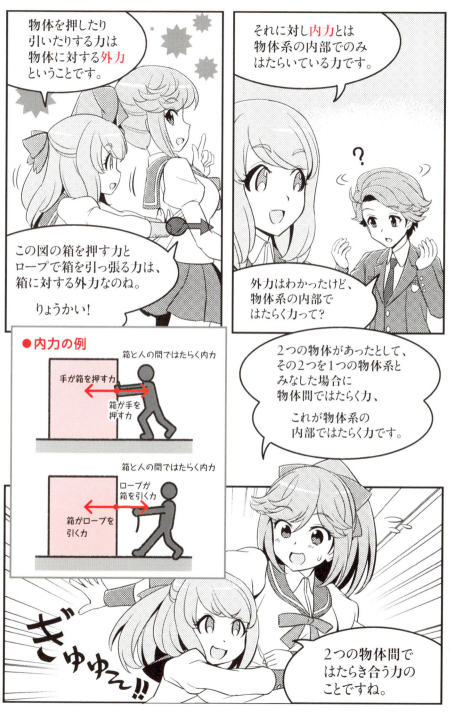

## 内力とは作用・反作用の関係にある一対の力

## ●手と物体にはたらく力

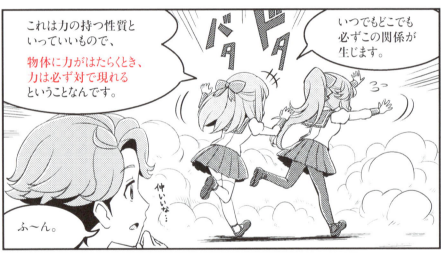

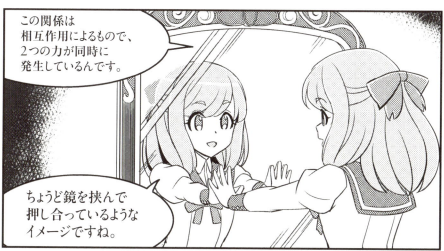

# 5 垂直抗力

## 垂直抗力とは？

 え〜と、今の外力と内力という見方をふまえて、物体に物体が乗っているモデルを考えてみますね。下の図1には物体と地面にはたらいているすべての力が書きこんであります。

### ●図1 物体ⒶとⒷにはたらく力

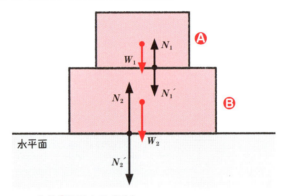

$W_1$：物体Ⓐにはたらく重力
$W_2$：物体Ⓑにはたらく重力
$N_1$：物体Ⓐが物体Ⓑから受ける垂直抗力 ⎱ 作用・反作用の関係
$N_1'$：物体Ⓑが物体Ⓐから受ける力 ⎰
$N_2$：物体Ⓑが地面から受ける垂直抗力 ⎱ 作用・反作用の関係
$N_2'$：地面が物体Ⓑから受ける力 ⎰

 ムム、ベクトルがいっぱい…。

 ていねいに見ていけばそんなに難しくないですよ。

力のつり合いと作用・反作用の法則 第1章

この**垂直抗力**っていうのは？

垂直抗力とは、物体が他の物体に力を加えたときに押し返される力、つまり作用・反作用の力ですね。力の作用面に対して垂直な方向にはたらく力なので、垂直抗力というんです。

● 垂直抗力

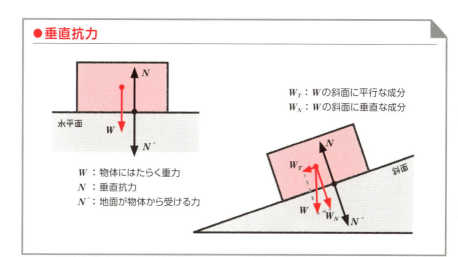

$W_T$：$W$の斜面に平行な成分
$W_N$：$W$の斜面に垂直な成分

$W$：物体にはたらく重力
$N$：垂直抗力
$N´$：地面が物体から受ける力

水平面上の物体だと、物体にはたらく重力と垂直抗力の大きさが同じ、ってことか。

斜面上にある場合は、ベクトルの分解が必要なんだね。

そういうことです。物体にかかる重力のうち、作用面である斜面に対し垂直な成分だけを考えるんです。

$W_N$がその作用面に垂直な成分で、それと同じ大きさで向きが逆なのが垂直抗力 $N$ だ。

OKです！

# 6 力のつり合いと外力

## 物体ⒶとⒷにはたらく力を考える

● 図1　物体ⒶとⒷにはたらく力

$W_1$：物体Ⓐにはたらく重力
$W_2$：物体Ⓑにはたらく重力
$N_1$：物体Ⓐが物体Ⓑから受ける垂直抗力 ｜作用・反作用
$N_1'$：物体Ⓑが物体Ⓐから受ける力　　　｜の関係
$N_2$：物体Ⓑが地面から受ける垂直抗力　｜作用・反作用
$N_2'$：地面が物体Ⓑから受ける力　　　　｜の関係

じゃあ、図1
を詳しく見てみましょう。

それぞれの力の
大きさを比べてみると、
どういう関係になるか
わかりますか？

物体Ⓐにはたらく
垂直抗力は物体Ⓐの
重さと同じ大きさだから

$N_1 = W_1$

物体Ⓐから物体Ⓑへ
はたらく力の大きさは
物体Ⓐの重さと同じだから

$N_1' = W_1$ でしょ。

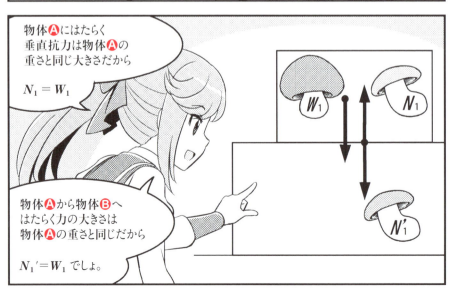

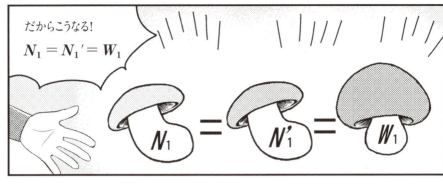

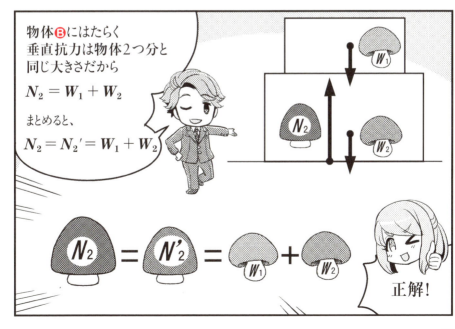

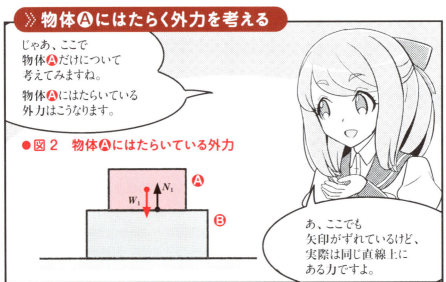

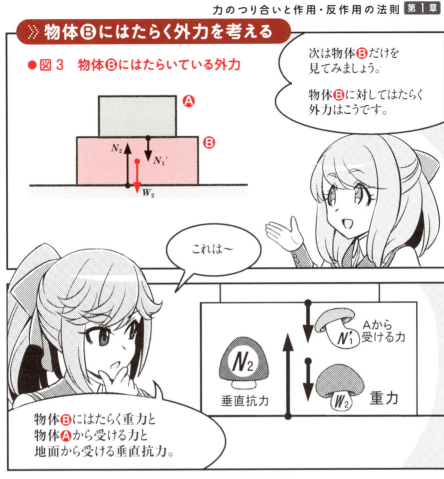

## 物体❹と❸を1つの物体系として外力を考える

●図4　❹＋❸の物体系にはたらく外力

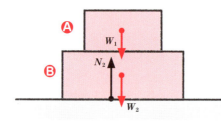

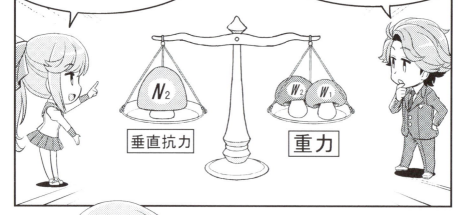

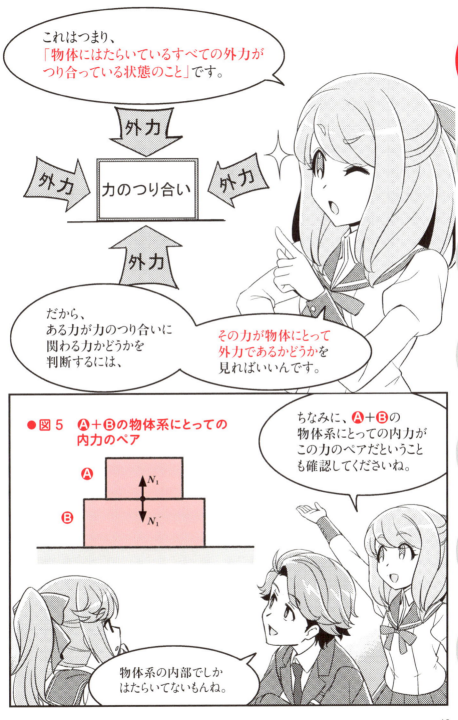

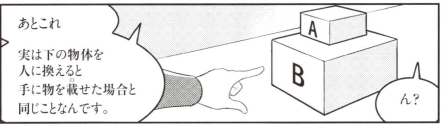

●図6　物体Ⓑを物体を持った人に置き換えると

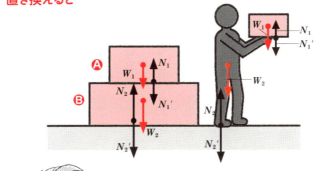

# 7 作用・反作用とつり合いの具体例

## >> バネを使った力のつり合いの問題

じゃあクイズみたいなものですけど、こんな例を考えてみましょう。バネの一端を固定して、別の端にオモリをつけられるようにします。

● バネの一端を固定してオモリをつけた場合

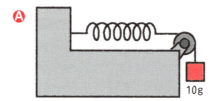

10gのオモリをつけると1cm伸びて、20gのオモリをつけると2cm伸びました。次にこのバネの両端にオモリをつけたとします。

● バネの両端にオモリをつけた場合

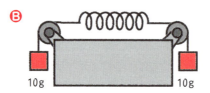

両端それぞれに10gのオモリをつけたら、バネは何cm伸びるでしょう?

力のつり合いと作用・反作用の法則 第1章

2cm。

いや、これどう見ても引っかけ問題よ。

でも、バネの両端にオモリの重さがかかるでしょ。合計20gだから10gつけたときの2倍で2cm伸びる、じゃダメ?

ダメよー。さっき、やったじゃない。バネにはたらく外力について考えればいいのよね? え〜と。Ⓐの場合は、バネにはたらく外力はオモリの重さとバネを固定したところから受ける力。そしてバネが右にも左にも動かないということは、この2つの力はつり合っている。

あーそうか。バネが動かないんだから、バネの両端に同じ外力がはたらいてるわけだ。ということは、端を固定する代わりに10gのオモリをつければ同じように力はつり合う。ⒶとⒷで状態は同じことになるね。「バネは1cm伸びる!」 どう?

正解! バネにはたらく力を描き足すとこうなります。ちなみに、10g重というのは、質量10gのオモリにはたらく重力の大きさのことです。単位の話は、また後でしますね。

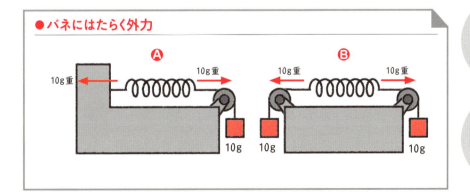

●バネにはたらく外力

47

## ≫ 2人が押し合ったときの作用・反作用

ちょっと実験してみましょうか。先輩方、このキャスター付きのイスに座ってもらえますか。…そうしたら、2人で手を合わせて…同時にグイッと押す！

せーの、グイ！

おりゃ！

●押し合う力が2人を動かす

あれ？　こんなに動いた。お前、無駄に力持ちだな。

か弱い乙女をつかまえて失礼ね！

# 力のつり合いと作用・反作用の法則 第1章

あっ！ あの、これはどっちが力持ちかは関係ない…という実験なんです…。つまり、どんな力で押し合っても2人は同じ大きさの力で後ろへ押されるんです。

え？ そうなの？

これが、作用・反作用の力ってこと？

そうです。前に「力はペアで現れる」と話しましたよね。相手を押そうとした力は相手を動かすと同時に自分自身を押し返してるんです。

壁を押せば押し返されるのと同じか。自分の力で自分が押される。

そうすると、今私たちを動かした力は、2人が出した力の合計になるのかしら？

そのとおりです！ もし、1人しか力を出してなくても、やはり2人とも同じ大きさの力で押されるんです。同じ力を受けたのにサトミ先輩のほうが多く動いてしまったのは、体重の違いのせいですね。軽いサトミ先輩のほうが動きやすいから。

俺、60kgだけど。動いた距離は大差ないんじゃない？

何言ってんの！ こんなに違ったじゃない！

…大事な法則なんで、覚えてくださいね…。

# 8 非接触ではたらく作用・反作用の力

## 接触しなくてもはたらく力

もう少し、作用・反作用の話をしましょうか。たとえば、荷物を持ち上げたり運んだりするときは、手と荷物が接触することで力がはたらきますよね？

そうだね。あっ、でも俺には特殊な能力があるから触れずとも……

あるわけないでしょ！

超能力はさておき、万有引力はどうでしょう？

そういえば地球が物体を引っ張る力は、間に何もないのに力がはたらいている。

気にしたことなかったけど、直接触れていないのに力がはたらくって不思議よね！

接触せずに力が伝わる例は他にもありますよ。

あ、磁力がそうだ。

静電気の力もあるね。

力のつり合いと作用・反作用の法則 **第1章**

●非接触で力が伝わる例

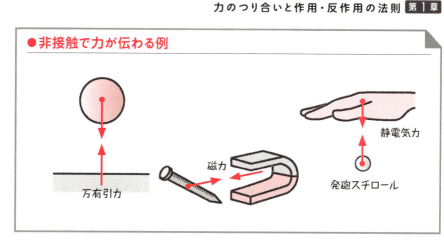

## 接触していなくても作用・反作用の法則は成り立つ？

ここで、作用・反作用の法則を思い出してみてください。物体同士が押し合ったりして物体に力がはたらいたときには、必ずその力の対になる力がありますよね。じゃあ、接触せずに力が伝わる場合、作用・反作用の関係にある力は現れるでしょうか？

う〜ん。でもやっぱり作用・反作用の法則は大原則だから、あるんじゃないかな？

正解です！　**接触しているかどうかに関係なく、物体に力がはたらけばその力と対になる力は必ずある**んです。たとえば、磁石を両手に持って近づけていくと、両方の手で力を感じますよね？

そういえばそうだわね。

これは磁力による力の相互作用、つまり、作用・反作用の力がはたらいているということなんです。

●磁石を使った作用・反作用の例

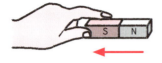 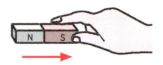

なるほど〜。じゃあ、引力の場合はどうかしら？

引力がはたらいたときの作用・反作用？それは内力と外力を教わったときの図を見ればわかるよ。

●物体Ⓐにはたらいている外力

物体Ⓐに$N_1$、$W_1$、Ⓑ

物体Ⓐに引力がはたらいて、それと逆向きの力があるからこれが作用・反作用…。ん？ 作用・反作用の場合は2つの物体で力を及ぼし合ってるはずだし、これは物体にはたらいている外力のつり合いの図だから…

違うわよね。

力のつり合いと作用・反作用の法則 第1章

そうですね。作用・反作用は2物体間における相互作用だから、この図ではダメなんです。もう少し考えてみましょう。

え〜と。2つの物体を考えなきゃいけなくて、はたらく力が引力ということは…物体と地球の関係で考えるのか！

物体にはたらく引力は地球が物体を引っ張る力。そうするとその引力と作用・反作用の関係にあるのは、物体が地球を引っ張る力、よね？

そういうことです！ 物体と地球の間にはたらく相互作用の力になりますね。図に描くとしたら、物体と地球を含んだ物体系でとらえないといけないので、こうなります。

●物体と地球にはたらく作用・反作用の力

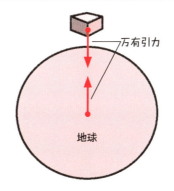

視点を変えて見ないといけないんだな。

# 慣性の法則と運動方程式

　　この章でわかること

- 「速さ」と「速度」の違いって?
- 「加速度」を持つとどういう運動になる?
- 「慣性」ってなに?
- 運動にはどんな法則がある?

# 1 力学の約束事

## ≫ 摩擦や空気抵抗は無視して考える

この前のドライアイスの動き、覚えてます？

あー、あの滑って動くのは面白いよね。

なぜこんな動きをするか、わかります？

う〜ん、ドライアイスは二酸化炭素が凍っているんだよね？

溶けて液体になるから、その上を滑っているんじゃないの？

ドライアイスを常温中に置くと、二酸化炭素は液体にならずに固体から気体へと変わるんです。**昇華**という現象ですね。机に置いたドライアイスは、昇華して噴き出した二酸化炭素の力によって、少し浮き上がります。すると、ドライアイスと机の間の摩擦が小さくなって滑るように動いた、ということなんです。

## 慣性の法則と運動方程式 第2章

### ●ドライアイスが滑るように動くわけ

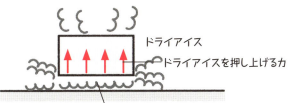

昇華した二酸化炭素が噴き出すことで
ドライアイスを押し上げ、床との摩擦が小さくなる。

へー、知らなかったわ。

それでですね。これを見せたのは、この動きで力学をイメージしてもらいたかったからなんです。

どういうこと？

力学とは、物体にはたらく力と物体の運動について考える学問のことです。中学や高校で学ぶ力学は、**古典力学**とか、**ニュートン力学**と呼ばれるものです。そして初歩の力学では、**運動を妨げる力となる摩擦や空気抵抗を無視して考える**んですよ。

それで滑る動きのイメージなんだ。

はい。これは、純粋に運動の本質を考察するための約束事です。計算を複雑にする要素を排除してシンプルな要素のみで考えるんです。

シンプルなのは歓迎よ。

●初歩の力学では運動を妨げる力を無視して考える

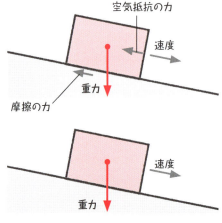

現実の世界では坂を滑り落ちる物体には重力のほか、摩擦力、空気抵抗などの力がはたらいている。

初等力学では、必要がないかぎり坂を滑り落ちる物体には重力以外の力がはたらかないものとしている。

だから、実際の物理現象を正確にとらえる必要がある場合は、現実にあるいろんな要素のことも考えなくちゃいけないんですよ。

なるほど。

## 重さはあるが大きさはないものとする

約束事は他にもあります。地上にある球は転がらないで滑って動くとか、物体の運動を考えるとき、物体に重さはあるけれど大きさはないものとするとか。

へ〜、そうなの。大きさのない物体って変な感じ。でも、図にはちゃんと大きさがあるわよ。

それは便宜上そうしているので、いわば模式図ですね。

大きさがなかったら図に書けないもんね。

そういうことです。その大きさを持たず、質量を持つ点のことを**質点**といいます。この質点の運動について考えることは大きさを持つ物体の重心がどんな運動をするかを考えることと同じなんですよ。たとえば、地球みたいに大きな物体でも。地球上の物体が地球から受ける万有引力を計算するには、その物体と質点としての地球について考えればいいんです。

なるほど〜。

● 理想化した運動と無視された要素の例

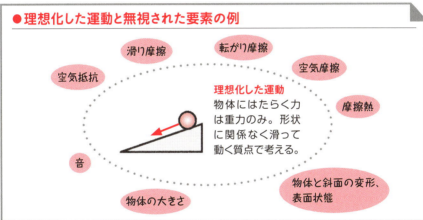

ふ〜ん、いろいろ無視しちゃうんだ。ツルッツルの世界だね。

じゃ〜、そのツルツルの力学の世界をのぞいてみましょうか。え〜っと、あるかな〜。

あ、いいものがありましたよ。実験用の台車です。実験しましょう！

# 2 等速直線運動

## ≫ 台車の運動を連続写真で撮る

合図をしたら、台車に勢いをつけて走らせてください。
はい！どうぞ！

はい、撮れました！

● 水平面を走る台車

おー、連続写真。スマホでこんなことできるんだ。

慣性の法則と運動方程式 第2章

連写した写真を1枚に収めてくれるんです。今のは0.2秒おきに連写しました。

さすが。私たちと使い方が違うわー。

じゃあ、今度は板を傾けて別のを撮りますね。

ヨシオ先輩は台車を坂の上に置いて、合図と同時に手を離してくださいね。はい！ …撮れました！

●斜面を走る台車

## 速さと速度

さて、比べてみてどうですか？

ずいぶん違うわね。

0.2秒おきに撮った写真なので、台車が0.2秒ごとにどれだけずつ動いたかが写ってます。

1枚目の写真は同じ距離ずつ進んだってことだ。

坂を走ったほうは進む距離がだんだん増えている。

そうですね。ん〜と、速さとは何でしょう？

距離÷時間、かな？

じゃあ、速度とは？

距離÷時間。ん？　違うの？

移動距離を時間で割ると一定時間あたりの移動距離がわかります。**速さ＝距離÷時間**。これが速さ。正確には**速さの平均**ですね。

なるほど、平均になるわけだ。平均時速なんて言ったりするね。

速さの単位は、これも距離÷時間で表されるので、[m/s]、[km/h]、などになりますね。それぞれ、「メートル毎秒」「キロメートル毎時」という単位です。そして、速さといった場合はその大きさだけを示したものなんです。

じゃあ、速度はどういうもの？

慣性の法則と運動方程式 **第2章**

速度とは、速さと運動の向きを含んだ量のことなんです。速度は**ベクトル量**ということです。たとえば、速度$\vec{v}$に対して速さが同じで逆向きの速度は$-\vec{v}$ということになります。

なるほど。速さと速度は、使いわけないといけないのね。

● 速さと速度

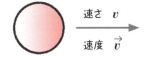

≫ 等速直線運動

さっきの1枚目の写真。隣の台車との距離がすべて同じということは、一定時間あたりの移動距離が同じ、つまり常に一定の速度で移動したということになります。

● 等速の運動

```
A    B    C    D    E    F
```

一定時間あたりの移動距離が同じ

速度が一定

63

台車の移動距離と移動にかかった時間の関係をグラフにすると…。

● 水平面を走る台車：移動距離と時間のグラフ

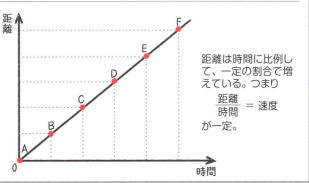

距離は時間に比例して、一定の割合で増えている。つまり
$$\frac{距離}{時間} = 速度$$
が一定。

どの区間をとって計算しても同じ速度になることがわかります。

この様子を速度と時間のグラフで表すとこうなります。

● 水平面を走る台車：速度と時間のグラフ

こんなふうに一定の速度で直線上を移動する運動のことを**等速直線運動**といいます。

慣性の法則と運動方程式 第2章

# 3 等加速度直線運動

## ≫ 加速度とは？

では、坂を使った実験の写真を見てみましょう。

時間とともに区間が長くなるわね。

そうですね。隣の台車との距離が長くなっていくということは、一定時間あたりの移動距離が増えている、つまり速度が増えているということです。

● 加速する運動

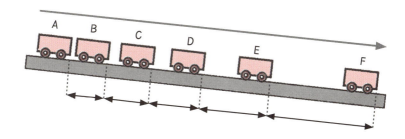

一定時間あたりの移動距離が増えている

=

速度が増えている

65

## ●斜面を走る台車：移動距離と時間のグラフ

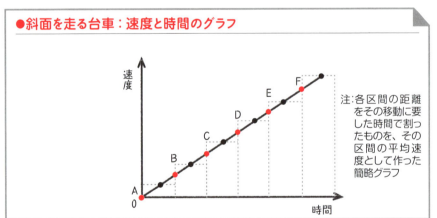

時間とともに距離の増え方が増している。つまり、速度が増えている。

各区間の速度を求めて速度と時間のグラフにしてみましょう。線を滑らかにつないでみると…。

## ●斜面を走る台車：速度と時間のグラフ

注：各区間の距離をその移動に要した時間で割ったものを、その区間の平均速度として作った簡略グラフ

きれいな直線でつなげたわ。

時間とともに速度が増えているのがわかりますね。この速度の変化率のことを**加速度**といいます。一定時間あたりにどれだけ速度が増えたり減ったりするかを示すもので、速度÷時間で求められます。加速度の単位は速度÷時間ということで $[m/s^2]$ などとなります。

慣性の法則と運動方程式 **第2章**

加速度もベクトル量？

はい。そして、この場合はグラフが直線を描いているので増え方が一定、つまり加速度が一定の**等加速度運動**だといえます。さらに物体の運動が直線運動だったので、この運動のことを**等加速度直線運動**というんです。

ふーん。じゃあ減速するときはどうなんだろう？

減速とは逆方向の加速度を持った状態のことなので、やはり加速度運動です。速度が増える場合は**正の加速度**、減速する場合は**負の加速度**を持つといいますね。加速度はベクトル量ですから、その向きで正負が変わるんです。

なるほど。

● 減速も加速度運動

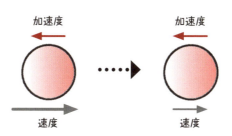

速度と逆向きの加速度を持つと物体は減速する。

# 4 慣性と運動の第1法則

## ≫ 慣性とは？

1つ目の実験ですけど、もしこの机が完全に水平で、すご～く長かったら、どうなると思います？

だんだん速度が落ちて止まるだろうね。

そうですね。空気抵抗や摩擦などがブレーキとしてはたらくのでいずれ止まってしまいます。

じゃあ、抵抗となるものがな～んにもなかったらどうでしょう？

止まらない…のか？

はい！速度を落とすことなくず～っと動き続けるんですよ。

## ●等速直線運動

初速を与えられた物体は外力がはたらかない限り等速直線運動を続ける。

ふ〜ん、それって宇宙で物を投げたときの動きじゃない?

そうです!

何もさえぎるもののない宇宙空間でボールを投げたら、外力を受けない限り、等速直線運動を続けるんです。

もし宇宙に果てがなければ永遠に。永遠に動き続けるってすごいと思いません?!

たしかに!

この物体が動き続けようとする性質は、**慣性**と呼ばれています。

物体の運動を観察することで得られた慣性に関する経験則は、**慣性の法則**としてまとめられています。

慣性の法則

>> 慣性を実感できる動き

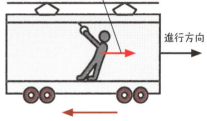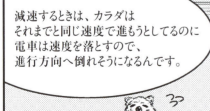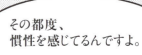

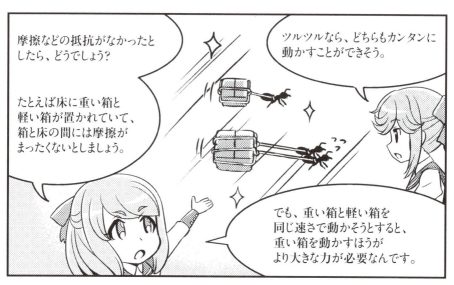

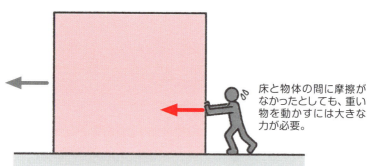

慣性の法則と運動方程式 第2章

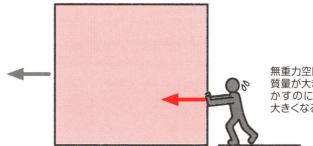

無重力空間でも同様。質量が大きいほど、動かすのに必要な力は大きくなる。

● **慣性の法則（運動の第1法則）**
物体は外力がはたらかない限り、その運動状態を保ち続ける。

静止している物体は
静止し続ける。

速度を持った物体は
等速直線運動を続ける。

# 5 運動の第2法則（ニュートンの運動方程式）

## 物体が斜面で等加速度直線運動をするわけ

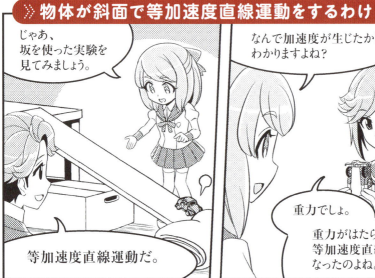

● 等加速度直線運動

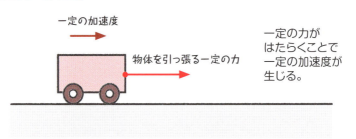

慣性の法則と運動方程式 第2章

## ● 物体の運動が変化するとき

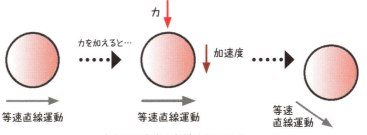

79

## 運動の第2法則

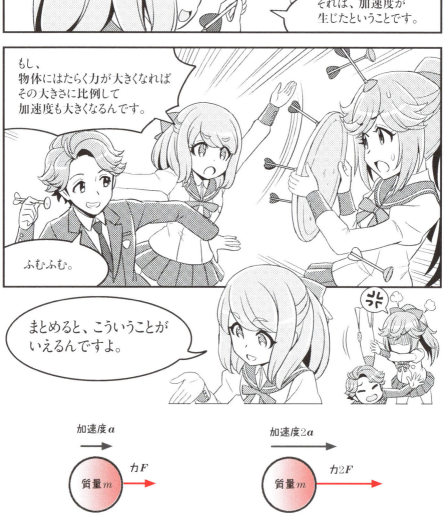

物体に力がはたらくとその力と同じ向きの加速度が生じ、
加速度の大きさと力の大きさは比例している。

# 慣性の法則と運動方程式 第2章

もう一つ、
さっきの慣性と質量の関係と
合わせると、これもいえます。

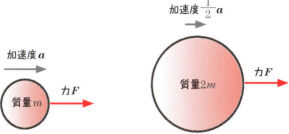

物体に力がはたらいたとき、物体の質量が大きいほど生じる加速度の大きさは小さくなる。そして、質量の大きさと加速度の大きさは反比例している。

つまり、
物体の加速度は、
はたらいた力に比例し、
質量に反比例すると
いうことです。

この関係を式にするとこうなります。

● **ニュートンの運動方程式**

$$F = ma \quad \begin{pmatrix} F\,[\mathrm{N}] & : 物体にはたらく力 \\ m\,[\mathrm{kg}] & : 物体の質量 \\ a\,[\mathrm{m/s^2}] & : 物体の加速度 \end{pmatrix}$$

力の大きさを表すには
**ニュートン**という単位を使います。
[N]と書いてニュートン
と読むんですよ。
これは1kgの物体に
$1\,\mathrm{m/s^2}$の加速度を
与えられる力を1Nとしよう、
と定めた単位なんです。
[N]と[kg・m/s²]は同じ単位に
なりますね。

第2章 慣性の法則と運動方程式

## 運動方程式を使って力を求める

**Q1** 1kg の物体を加速度 $1\,\text{m/s}^2$ で動かす力は？

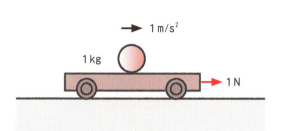

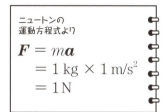

ニュートンの運動方程式より
$$F = ma$$
$$= 1\,\text{kg} \times 1\,\text{m/s}^2$$
$$= 1\,\text{N}$$

**Q2** 1kg の物体を加速度 $10\,\text{m/s}^2$ で動かす力は？

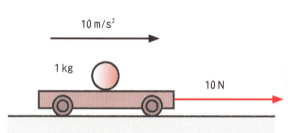

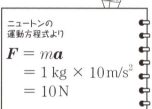

ニュートンの運動方程式より
$$F = ma$$
$$= 1\,\text{kg} \times 10\,\text{m/s}^2$$
$$= 10\,\text{N}$$

**Q3** 10kg の物体を加速度 $1\,\text{m/s}^2$ で動かす力は？

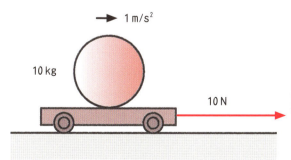

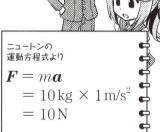

ニュートンの運動方程式より
$$F = ma$$
$$= 10\,\text{kg} \times 1\,\text{m/s}^2$$
$$= 10\,\text{N}$$

# 6 単位の話

## 基本単位と誘導単位

ところで、いろいろ単位が出てきましたけど、単位がなかったら、どうやって量を表しますか？

多い、少ないとか。大きい、小さいとか…。

歩幅で距離を決めたり、茶碗1杯分のご飯、と言ってみたり。感覚的な表現をするか、何かわかりやすい基準を使ってみるかしますよね。そのわかりやすい基準の精度を高くして、誰もが使いやすいように整えたのが**単位**、ということなんです。

なるほどね。単位って力学だけじゃなくて、日常生活でも欠かせないし、単位があれば世界のどこへ行っても正確な量を表すことができるわよね。

そうなんです。あいまいだったり抽象的だったりする量も、単位で表すことによって精度の高い比較ができるようになりますし、さらには数学的に扱うこともできるようになるんです。

ふ～ん、単位っていろいろあるよね。

単位には、**基本単位**と**誘導単位**というものがあります。基本単位は、その単位だけで成り立っていて他の単位に置き換えられない単位です。距離を表す「メートル」、時間を表す「秒」、質量を表す「キログラム」といった物理量に対する単位ですね。

ふむふむ。

慣性の法則と運動方程式 第2章

誘導単位は**組立単位**ともいいます。これは基本単位の組み合わせで表わされる単位のことです。物理の定義や法則を元にして作られた単位です。

速度や加速度がそうなんだね。

はい。力の単位もそうですね。

## 》単位系とは？

そして、1組の基本単位とそれを基準にした誘導単位の集まりのことを**単位系**というんです。力学で使う単位は **MKS単位系**といわれるものです。MKS とは、**メートル [m]、キログラム [kg]、秒 [s]** のことですね。これらを基本単位とした単位系ということです。誘導単位としては、ここまでに出てきた、速度の [m/s]、加速度の [m/s$^2$]、力の [N]（kg・m/s$^2$）。それから他にも、面積や体積、熱や仕事などの単位が MKS 単位系に含まれています。

そうなんだ。

他にも単位系がありますよ。今の MKS 単位系に電流のアンペア [A] を加えたのが **MKSA単位系**といわれるもの。さらにこれが発展して国際的な基準とされているのが、**国際単位系**（略称：**SI**）というもの。ふだん使っている単位は、SI に含まれる単位といっていいでしょうね。

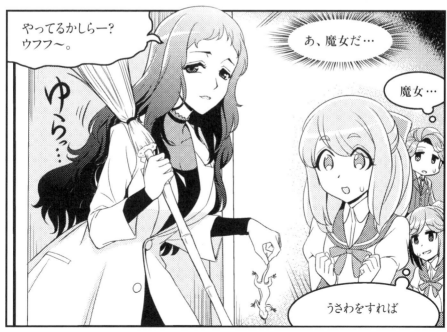

# 重さと質量

### この章でわかること

- 物体の落下速度は重さと関係がある?
- 「重力加速度」ってなに?
- 「質量」と「重さ」は違うの?
- そもそも「質量」ってなに?

# ① 自由落下

## ガリレオの思考実験

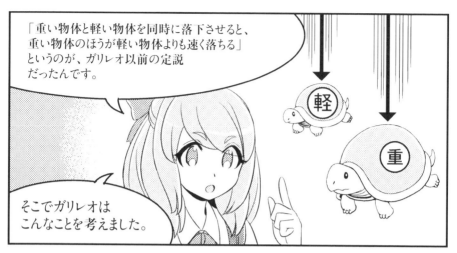

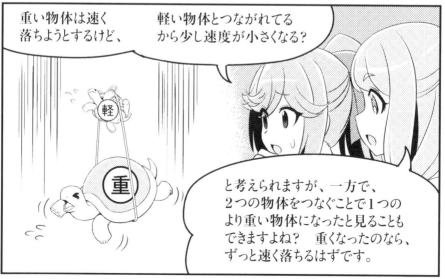

● ガリレオの思考実験

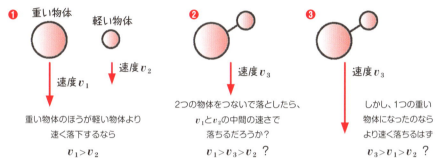

>> 落体の法則

● ピサの斜塔から球体を落とす実験

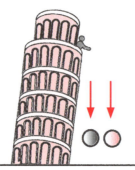

ピサの斜塔から同じ大きさの金属球と木の球を落下させ、物体が落下する速度は質量に関係なく同じであることを確かめた、とされる実験。

実のところ、この実験が実際に行われたものかどうか確かなことはわかってないんです。

え？そうなの。

高所からの落下実験はやってはいるんだけど、

重要な実験は別の方法でやっているのよね。

はい。

物体を落下させる代わりに斜面を使って実験したんです。

# 重さと質量 第3章

## ●ガリレオが行った斜面を使った実験

質量の異なる球体を斜面で転がして、落体の法則を発見した。

**落体の法則**
物体が落下するときの加速度は、その質量に関係なく、一定である。

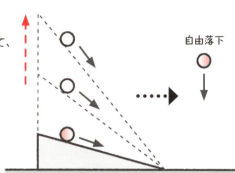

自由落下とは、重力のみが外力としてはたらく落下運動のことです。
坂での運動も自由落下でも同じように考えればいいんです。

ただし、斜面の実験では球が転がっているので、単純な落下とまったく同じではないのよ。
等加速度運動をするのは同じだけどね。

# 2 自由落下の加速度

## 》 重い物体と軽い物体が同じ速度で落ちるわけ

では、同じ形で同じ大きさの重い物体と軽い物体が、自由落下したときの速度について考えてみましょう。

ピサの斜塔の実験よね。同じ速度で落ちるんでしょ。

はい。でも、厳密には空気抵抗の影響があるので同じではないんです。

鉄の球と発泡スチロールの球だったら、だいぶ速度が違うよね。

発泡スチロールの質量がとても小さいですからね。重力による下向きの力は質量に比例するので鉄球のほうが大きいですが、空気抵抗による上向きの力は、速度に比例するので質量による違いはありません。つまり、鉄球のほうが発泡スチロール球より大きな力で下へ引かれるので、速く落ちる、ということです。

● 鉄球と発泡スチロール球の落下速度の違い

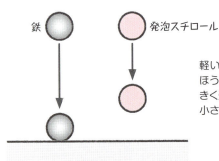

軽い発泡スチロールの球のほうが空気抵抗の影響を大きく受けるので、落下速度が小さくなる。

重さと質量 第3章

 空気のない真空中なら同じ速度になるんですよ。

 ほんとに？　ちょっとくらい、違わないの？

 違いません…。

 でも、なんでだろう？　だって重いっていうのは地球に強い力で引っ張られてるってことだろ？　そしたら加速度が大きくなるんじゃないかな？

 そうよね。軽ければ加速度が小さくなりそう。

 その理由はヨシオ先輩が言ってたことなんです。最初からいいところに気づいてるんですよ。

 えっ？　なんだろ？

 ああ、そうか。そこで慣性！

 それです！　たしかに質量が大きいと重力によって大きい力で引っ張られます。でも、質量が大きいと慣性による動かしにくさが大きくなる。逆に質量が小さいと重力に小さい力でしか引っ張られませんが、慣性による動かしにくさは小さくなる。このいわば、**質量と慣性の相互作用によって、物体が自由落下するときの加速度は質量に関係なく一定となる**んです。加速度が同じなら、落下速度も同じになるわけです。

99

● 自由落下の加速度が一定になるわけ

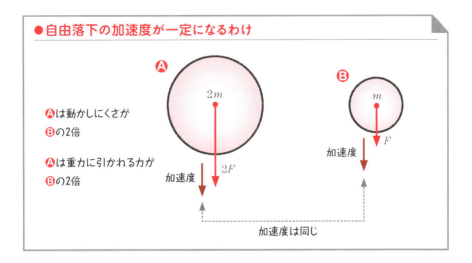

## 重力加速度

有名な実験がありますよ。それも月の上で行われた！ アポロ15号のスコット船長が行った落下実験です。月には大気がありませんから、空気抵抗を無視できます。そこで、ハンマーと鳥の羽根を落としたんです。

同時に落ちたんだ！

はい！ これは映像が残っています。重力が小さいのでゆっくりと同時に落ちるんですけど、それがもう美しくて感動的なんです！ 月の上で、宇宙飛行士で、鳥の羽根ですよ！

わかった、わかった（笑）。

重さと質量 第3章

### ●アポロ15号の実験

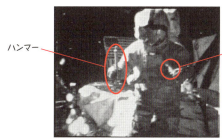

ハンマー　　　　　　　　　　　　鳥の羽根

http://nssdc.gsfc.nasa.gov/planetary/lunar/apollo_15_feather_drop.html

ハンマーと羽根が落ちるだけの短い映像だけど、その中にいろんな意味を読み取ることができるわよね。

え〜と、なんでしたっけ？　自由落下！　この自由落下のときの加速度は重力が引き起こすものなので**重力加速度**といわれています。地球上だと**約9.8m/s$^2$**という一定の値になります。場所によってちょっと違いますけど。

でも、一定になるっていうのは、なんか不思議よね〜。

そうなんです！　これは、とても不思議なことなんです。というのもなぜそうなるか、根本的な理由はわかってないんです。自由落下での加速度が常に一定になるのは**「重力質量と慣性質量が一致する」**という原理があるから起こる現象で、力学ではこのことをあたり前のこととして扱います。だけど、なぜ「重力質量と慣性質量が一致する」のかはわかっていないんです！

はーい、とりあえずそこまでー。タマちゃん、突っ走りすぎよ〜。続きはまた後でね。ウフフフ〜。

101

# 3 質量と重さ

## 》質量とは？

ところで、質量と重さの違いはわかってるかしら？

えっ？ 違い？ ましたっけ？

違うのよ。日常生活では同じものとして扱われたり、単位にも同じキログラム［kg］を使ったりと混同されがちだけど、概念も違うし単位も違うの。だから物理など科学の話をするときは、重さと質量はちゃんと使い分けないといけないのよ。

へ〜。

質量とは物質に備わっている量を表すもので、カンタンに言えば**重さや動かしにくさの元になっている量**のことをいうんです。いわゆる重さとは違う量のことですね。

---

●**質量と重さのイメージ**

質量が重さをもたらす。

---

質量が物質の量だっていうのは前に聞いたね。う〜ん、質量は重さではなくて重さの元？

重さと質量 第3章

はい。質量は重さをもたらす量で、すべての物質が持っているものです。いわば物質の性質を量にして表したものですかね。ある物体の質量は物体自体の増減がない限り、どんな環境でも変わることはありません。でも、重さは量る環境によって変わってしまいます。

ムム～。

だから、質量を表す単位であるキログラム［kg］も重さの単位ではないんですよ。

え？　でも普通、重さはキログラムとかグラムっていうよね？

それは不正確な表現なんです。慣例として一般的に使われてますけれど、物理を学ぶときに混乱を招く大きな原因になってますね。重さの単位には、**ニュートン［N］**や**キログラム重［kg重］**などが使われていて、これらは力の大きさを表す単位です。重さは物体にはたらく重力、地球上ならば地球が物体を引っ張る力ですからね。

う～ん、そうすると、質量ってなんかつかみどころのないものよね。

そうですね。広く知られて使われている言葉なのに、その実態はすごく抽象的なものなんです。重さのように実感できるものではないので、イメージしにくい概念ですね。

103

## 》重さとは？

さっき、タマちゃんが「重さは環境によって変わる」って言ったわよね。

それ！　わからなかったの。どういうことですか？　重さが変わるって…。

そうね。じゃあ、重さは何を使って量るかしら？

体重なら体重計、あとは実験で使う天秤とか。

昔ながらの体重計はバネばかりだけど、バネばかりは物体にはたらく重力とバネの力とのつり合いを利用して物体の重さを量っているの。このしくみを考えると、重さが量る場所によって変動する理由がわかりやすいわよ。

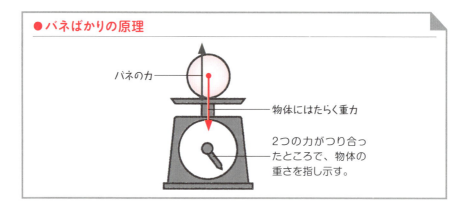

●バネばかりの原理

- バネの力
- 物体にはたらく重力
- 2つの力がつり合ったところで、物体の重さを指し示す。

たとえば、バネばかりでヨシオ君の体重を量るとして、地球で量ったときと月で量ったときとを比べたらどうなるかしら？

そうか！ 月は重力が小さいから、月のほうが体重は軽くなる。「重さ」が変わるね。

そうね。月の重力は地球の約6分の1だから、だいぶ軽くなるのよ。じゃあ、もし星から遠く離れた、まわりに何もない無重力空間で量ったら？

重さはゼロになっちゃう！

そうよね。こんなふうに、地球と異なる重力のもとでは、重力のもたらす重さは変わってしまう。重さは量る環境によって変わる、とはこういうことなのよ。

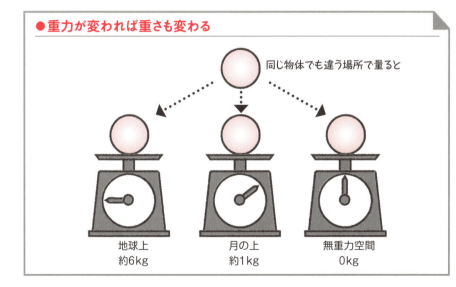
● 重力が変われば重さも変わる

同じ物体でも違う場所で量ると

地球上 約6kg　　月の上 約1kg　　無重力空間 0kg

一方、質量は物質が持っている本質的な量なので、環境に左右されることはないわ。だから、力学で物体の運動を考えるときには、常に重さと質量の違いを意識する必要があるのよ。

なるほど〜。

# 4 重力質量と慣性質量

## ≫ 2種類の重さ

## ●2種類の重さのイメージ

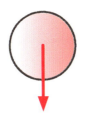
重力によって生じる力としての重さ

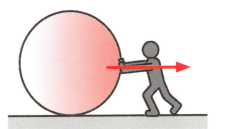
慣性によって生じる力としての重さ

### ≫重力質量と慣性質量

そして重さの元になっているのは質量ですよね。2種類の重さそれぞれに対して質量があるんです。

重力による重さの元となる質量のことは**重力質量**、

慣性の元となる質量のことは**慣性質量**というんです。

あ、さっき言ってた…

でも、この2つの質量の値は一致すると考えられているので、普通は区別せず単に質量と言ってるのよね。

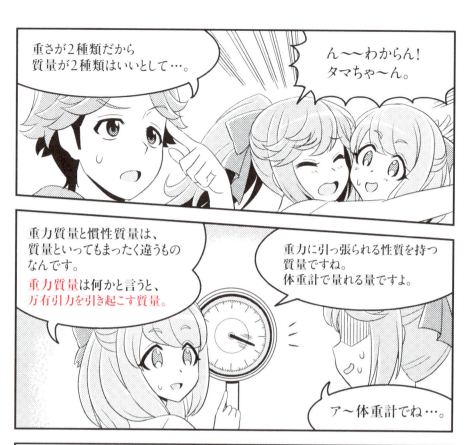

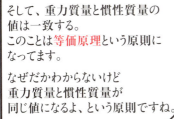

# 5 重さと質量の関係

## 重力下にある物体の重さ

ねぇねぇ、はかりで重さを量っても環境に左右されるんだから、質量はわからないんじゃない？ 物体の質量を知るにはどうすればいいんだろう？

では、重さと質量の関係を見るために、質量 $m$ の物体が自由落下をするときのことを考えてみますね。物体が自由落下するとき、その加速度は**重力加速度 $g$** です。したがって、このときの運動方程式は

$$F = mg \quad \begin{pmatrix} g：重力加速度 \\ F：物体にはたらく力 \\ m：物体の質量 \end{pmatrix}$$

また、物体にはたらく力 $F$ が重力だけということは、その力は物体の重さ $W$ と等しくなります。

$$F = W$$

したがって

$$W = mg$$

つまり、物体の重さは $mg$ で表すことができます。もし物体が重力以外の外力を受けたとしても、どんな運動をしていても重力によって物体に $mg$ の力がはたらいていることは変わりません。

# 重さと質量 第3章

● 運動状態に関係なくはたらく重力

物体がどんな運動状態にあったとしても、常に $mg$ の重力がはたらいている。

## ≫ 物体の重さ mg の意味

物体の重さが $mg$ で表されるのはわかったけど、これだと静止していても加速度 $g$ を持っているみたいで変な感じがするな〜。

たとえば物体が水平な台の上で静止しているとしたら、物体には台からの垂直抗力がはたらいてますよね？ 台からの力がなければ物体は加速度 $g$ を持って落下します。重さが $mg$ で表わされるというのは、そう見ることもできます。

なるほど〜。

この台上の物体についてもう少し考えてみましょう。物体の加速度を $a$ として物体の運動方程式 $F = ma$ を考えるとき、物体が受ける外力をすべて考慮しないといけないので、$F = W$（物体の重さ）ではありません。

### ●台の上の物体

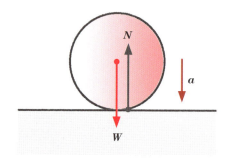

台の上の物体が静止しているのは、物体の重さ $W$ と物体が台から受ける垂直抗力 $N$ がつり合っているからです。つまり、

物体にはたらくすべての力の合力 = $W+N = 0$
したがって、$F = ma$ の $F$ は0となって、

$$ma = 0$$

となります。また、$m$ は0ではないから

$$a = 0$$

つまり、物体の加速度は0。台の上においてあるなら、初速は0だから物体の速度も0になります。

ちゃんと静止しているってことだね。

はい。

## 》重力加速度の値

そして重力加速度の値ですけど、地球上の重力加速度は一定といっても、実際は場所によって多少の違いがあるんです。地形などの影響を受けて値が変わるんです。

そうなんだ。

**標準重力加速度**として $9.80665\,\mathrm{m/s^2}$ という値が定められているので、実際の計算では $9.8\,\mathrm{m/s^2}$ や $9.81\,\mathrm{m/s^2}$ を使うことが多いですね。重力加速度がわかっていれば、$W = mg$ によって重さから質量を、または質量から重さを知ることができるということです。

なるほどねー。はかりで重さを量れば、質量がわかるのね。

ちなみに星によって重力の大きさは違いますから、重力加速度の値も変わるんですよ。

### 太陽系の天体の重力加速度（単位：$\mathrm{m/s^2}$）

| 天体 | 太陽 | 水星 | 金星 | 地球 | 月 | 火星 | 木星 | 土星 | 天王星 | 海王星 |
|---|---|---|---|---|---|---|---|---|---|---|
| 重力加速度 | 274 | 3.70 | 8.87 | 9.80 | 1.62 | 3.71 | 24.79 | 10.44 | 8.87 | 11.15 |

# 6 質量と重さのはかり方

## ≫ デジタルはかりのしくみ

バネばかりの話が出たけど、最近はデジタルのはかりが多いよね。

そうですね。家庭で使う電子はかりの場合は、バネの代わりに**ひずみゲージ**というセンサーが内蔵されているんです。ひずみゲージには、変形すると電気抵抗が変化する物質が使われています。計量物の重みでセンサーが変形するとセンサーを流れる電流の大きさが変化するので、その変化を測定して重さを量るんですよ。

バネばかりとだいぶ違うね。

バネばかりと構造は違いますけど、どちらも力のつり合いを利用して重さを量っているので根本的な原理は同じといっていいですね。

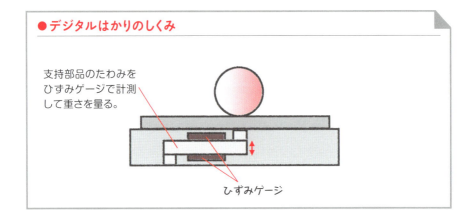
● デジタルはかりのしくみ

支持部品のたわみをひずみゲージで計測して重さを量る。

ひずみゲージ

# 重さと質量 第3章

## ≫ 体重計で量るのは質量

そういえば、重量計は重さを量るのよね？ 体重計とかの目盛りの単位ってキログラム[kg]じゃない？ でもキログラム[kg]は質量の単位だから…これっておかしくない？

いいところに気がついたわね。たしかに体重計は重さを量るものだけど、**読み取った結果は質量**だといっていいでしょうね。$W = m\boldsymbol{g}$ で重さと質量が比例しているから、重さを量れば質量がわかるわ。重量計は測定結果を質量として読み取れるように表示を合わせてあるのよ。

ふ～ん。質量だったんだ。

「体重」が意味するのが重さなのか質量なのかは意見のわかれるところだけど、たとえば宇宙船で生活している人が健康チェックのために体重測定をすることを考えると、体重は質量だと考えるのが妥当でしょうね。重力加速度の違いで体重が増えたり減ったりしたら困るでしょ？

環境が変わっても影響を受けないのは質量ですもんね。太ったかやせたかを知るには質量で比べないとわからない場合もあるってことですね。

あっ！ でも宇宙船の中だとフワフワ浮いちゃうよ。あれじゃあ体重計は使えないんじゃない？

重力を利用して体重を量ることはできないわね。だから専用の機械を使うの。慣性を利用して体重を量る体重計があるのよ。

● **宇宙で使う体重計**

宇宙ステーションで使われているBMMD（Body Mass Measuring Device）という体重計。バネの力でカラダを動かし、そのときの加速度を測ることで、体重（慣性質量）を測定する。

へ〜。いろいろ考えられているんですね〜。

## 重力加速度の違う場所で質量を量るには？

重力下で体重を量る場合、正しい体重を量るには重力加速度を意識しないといけないってことね。体重計を調整した場所の重力加速度と、体重計を使う場所の重力加速度とが違っていたら間違った測定値が出てしまうわ。たとえば緯度の違う場所で使うときや、それこそ月の上で使った場合ね。

そうすると、重力加速度が違う場所で質量を量るにはどうしたらいいんですか？

ちゃんと考えて作られているはかりなら、使う地域の緯度に合わせた調整がしてあるし、調整機能を備えている機種もあるのよ。あとは、昔から使われている**天秤ばかり**を使う方法があるわね。

重さと質量 第3章

## ●天秤ばかり

載せる分銅を調整して質量を量る。

天秤ばかりは正確な質量がわかっている分銅と、測定物の質量を比べて量る量り方なので、重力加速度の違いによる影響を受けることがないの。それに精度も高いのよ。微量の質量でも量ることができるので、金などの貴金属や宝石、身近なところだと薬の質量を量るのにも使われているわ。体重を量る天秤ばかりは今でもボクシングの計量で使われることがあるし、もっと重いものを量る天秤ばかりもよく使われていたそうよ。

なるほどー。あれ？ じゃあ、その分銅の質量はどうやって決めるんですか？

それには基準となるものがあるんですよ。

# 7 質量と重さの単位

## ≫ キログラム原器

最初に定義された質量の単位は、『大気圧下で0度の水1リットルの質量を1キログラムとする』として決められたものだったんです。だけど、この定義だと精度を欠いてしまうことがわかったので、1キログラムの基準とするための**キログラム原器**というものが作られました。

●質量 1kg の定義

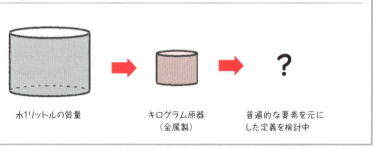

あ、教科書で見たことあるよ。大事に保管されてるのよね。

はい。世界中で使う単位の基準ですからね。経年変化にも強い素材で作られています。実用上はキログラム原器を複製した複製原器が各国に渡り、それをもとにした標準の分銅が作られ、それを使って計測機器の調整をしているんですよ。

へー、面白いわね。

現在、人工物を基準にした単位は質量だけなんです。だから、他の方法で質量の基準を伝えることができないんです。

重さと質量 第3章

じゃあ、他の単位は人工物が基準じゃないんだ。

はい。長さも時間も、光や原子を利用した普遍的な量を元にして決められてます。基本単位の話はしましたよね？

あれよ、MKSでしょ。Mは長さの単位でメートル、Kは質量の単位でキログラム、Sは時間の単位で秒。

正解！

でも、質量の単位がキログラムって何でだろう？ キロのついてないグラムのほうが基本単位っぽいよね。

単位を決めるときの歴史的な経緯のせいでそうなってしまったんですよ。

## 》重さの単位

じゃあ、もう1つ。質量の単位はキログラムですけど、重さの単位は？

え〜と、重さは力だから…ニュートンかな？ でも、キログラム重っていうのもあったよね？

そうですね。重さはニュートンで表すこともできますし教科書ではニュートンを使ってますけど、**キログラム重 [kg重]** という単位も使います。**重量キログラム**ともいいますね。記号は、kgf, kgw, kp。いろいろあるけれど、みな同じ意味なんですよ。

重がつくのね…重って重さの重？

1kg重とは**「質量1kgの物体の地球上での重さ」**ということです。正確には質量1kgの物体が標準重力加速度のもとで受ける重力の大きさですね。

質量を重さに換算してるってことだね。質量1kgの物体の重さが1kg重なら、たしかにわかりやすいかも。

● キログラム重

重さ:1kg重

1kg重＝約9.8N
（$F = mg$ より、
1kg重 ＝ 1kg × 9.80665 m/s² ＝ 約9.8 N）

● 重さはベクトル量？　それともスカラー量？

大きさと向きを持つ**ベクトル量**に対し、向きを持たず大きさだけの量を**スカラー量**といいます。たとえば、力は**ベクトル量**ですが、質量は**スカラー量**です。

さて、「重さは物体にはたらく重力の大きさである」ということがあります。これだと、重さはスカラー量のようです。一方、「重さは物体にはたらく重力である」ともいいます。これだと、重さは力、すなわちベクトル量です。重さはスカラー量でしょうか？　それとも、ベクトル量でしょうか？　重さは、物体の質量が重力に引かれることでもたらされます。そして、重力が向きを持つことから、重さもまた向きを持ちます。大きさと向きを持つ量である重さはベクトル量ということになります。だから、重さとは物体にはたらく重力、**重さは力でありベクトル量**なのです。

# 8 人工衛星

## ≫ 人工衛星の原理

そういえば、昨日、ロケットが打ち上げられたよね。

いい打ち上げでしたよね！　あのロケットには、人工衛星が積まれてましたけど…。おっ、人工衛星といえば自由落下の話にもつながりますよ。

え？　人工衛星と自由落下？　どういうこと。

あれはですね、落ちてるんです。

？？？

ボールを水平方向に投げると、放物線を描いて落ちてしまいます。そこで、もっと速く投げてみると…。

遠くに落ちる…。

速度が速ければ遠くには届くけど、やっぱり落ちちゃう。あきらめずにもっと速く投げてみる。

もっと遠くに落ちる…。

そう。でも、地球は丸いですよね。すると、こうなるんです。

## ●人工衛星の原理

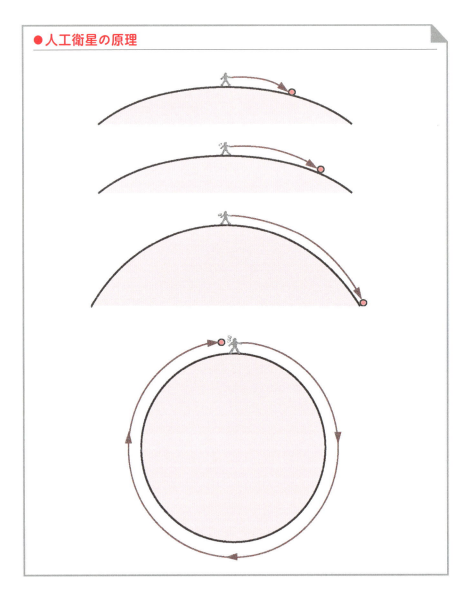

これは、地球の丸みに沿って落ち続けてる状態。これが人工衛星が地球のまわりをまわり続ける原理なんです。

オー。

# 宇宙速度

実際の打ち上げでは、軌道に乗るための速度と、空気抵抗を受けないための高度が必要になります。打ち上げた後のロケットが斜め上に飛んで行くのはそのためなんです。人工衛星になるために必要な速度のことは**第一宇宙速度**っていうんですよ。かっこいいでしょ。

じゃあ、第二もあるの？

はい。**第二宇宙速度**は地球の重力を、**第三宇宙速度**は太陽の重力を振り切るのに必要な打ち上げ速度のことです。
ズバ——!!っと。

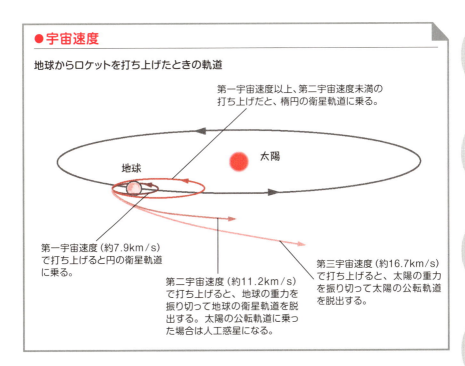

● 宇宙速度

地球からロケットを打ち上げたときの軌道

第一宇宙速度以上、第二宇宙速度未満の打ち上げだと、楕円の衛星軌道に乗る。

第一宇宙速度（約7.9km/s）で打ち上げると円の衛星軌道に乗る。

第二宇宙速度（約11.2km/s）で打ち上げると、地球の重力を振り切って地球の衛星軌道を脱出する。太陽の公転軌道に乗った場合は人工惑星になる。

第三宇宙速度（約16.7km/s）で打ち上げると、太陽の重力を振り切って太陽の公転軌道を脱出する。

# 重力と万有引力

この章でわかること

- 「万有引力」ってどんな力？
- 「重力」と「万有引力」は違う？
- 「円運動」が加速度を持ってる？
- 「重力」がもたらす現象にどんなものがある？

# 1 重力と万有引力

## 重力と万有引力は同じではない？

重力と万有引力 第4章

●重力は合力

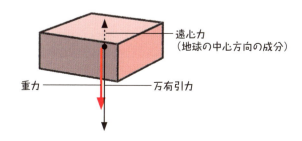

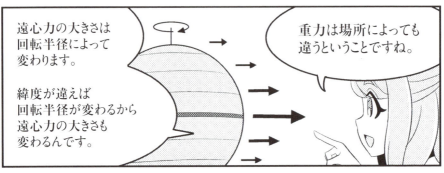

●緯度による重力の違い

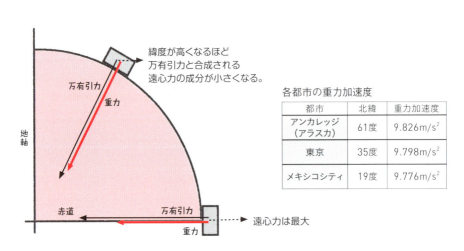

各都市の重力加速度

| 都市 | 北緯 | 重力加速度 |
|---|---|---|
| アンカレッジ（アラスカ） | 61度 | 9.826m/s² |
| 東京 | 35度 | 9.798m/s² |
| メキシコシティ | 19度 | 9.776m/s² |

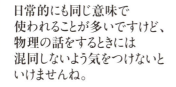

# 2 万有引力の法則

## ≫ ニュートンが発見したこと

そもそも万有引力自体不思議なものよね。なんで、物体と物体が引き合うの？

それにはいろいろ説があるんですが、今のところ理由はわかっていないんですよ。けれど、万有引力がどのようにはたらいているかはわかっています。万有引力の発見者といえば……？

ニュートン、だよね？

リンゴが落ちるのを見て万有引力を発見したんでしょ？

そうですね。でも、その話はリンゴと地球の間の引き合う力を発見した、という話ではないんです。リンゴと地球の間に引き合う力がはたらくならば、**地球と月や惑星も引き合っている**のではないかと思いついた、という話なんですよ。

へ〜。引力に気づいた話じゃないのか。

はい。ただ、リンゴのエピソードが本当にあったことかどうかはわからないんですけどね。

## ≫ 万有引力の法則

ニュートンは運動の法則とともに万有引力についても『プリンキピア』という本にまとめました。

重力と万有引力 第4章

それによると、万有引力とは物体の間にはたらく引き合う力、地球上の物体に限らず宇宙の天体も含めたすべての物体にはたらいている力なんです。

● 万有引力のイメージ

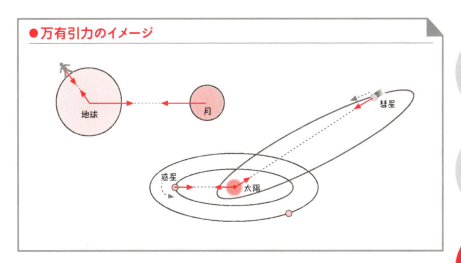

そして、ニュートンは「万有引力の法則」を導き出しました。その法則によると、2つの物体の間にはたらく万有引力の大きさは次の式で求められます。

● 2物体の間にはたらく万有引力

$$F = G \frac{m_1 m_2}{r^2}$$

$F\,[\mathrm{N}]$ ：万有引力の大きさ
$m_1, m_2\,[\mathrm{kg}]$ ：物体の質量
$r\,[\mathrm{m}]$ ：2物体の重心の距離
$G\,[\mathrm{N \cdot m^2/kg^2}]$ ：万有引力定数

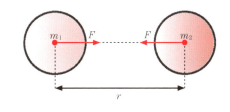

この**万有引力定数**って、なに？

万有引力定数は、万有引力の式が成り立つために必要な比例定数です。この世界のいつでもどこでも変わることのない普遍的な定数ということですね。重力定数ともいいますよ。

定数なら、決まった値があるっていうこと？

はい。万有引力定数は **$6.67 \times 10^{-11} \mathrm{N \cdot m^2/kg^2}$** という値です。質量1kgの2つの物体が1m離れているときにはたらく引力の大きさがこの値に等しくなります。これは万有引力の式からわかりますね。

●万有引力定数の値

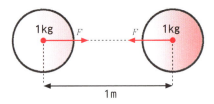

この2物体にはたらく引力の大きさ$F$は

$$F = G\frac{m_1 m_2}{r^2} = 6.67 \times 10^{-11} \times \frac{1 \times 1}{1^2} \mathrm{N}$$
$$= 6.67 \times 10^{-11} \mathrm{N}$$

じゃあ、人と人の間にはたらく万有引力もこの式で計算できるんだ。

ためしに質量100kgの人2人が、1m離れてるときの引力の大きさを計算してみましょうか。

## 重力と万有引力 第4章

え〜と、万有引力の式に値を入れると…。

● 人の間にはたらく引力

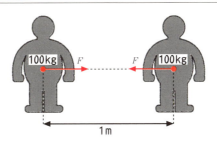

$$F = G \frac{m_1 \cdot m_2}{r^2} = 6.67 \times 10^{-11} \times \frac{100 \times 100}{1^2} \text{N}$$
$$= 6.67 \times 10^{-7} \text{N}$$

わかりやすいように、グラムに換算しましょう。1kgw= 9.8N だから、

$$6.67 \times 10^{-7}\text{N} = \frac{6.67 \times 10^{-7}}{9.8}\text{kgw} \fallingdotseq 6.8 \times 10^{-8}\text{kgw} = 0.000068\,\text{gw}$$

1円玉の重さが1gwですから、その10000分の1より小さい力ですね。

へ〜。わからないくらい小さいけど、ちゃんと力がはたらいているんだ…。

それに比べたら、人の体重は力としてはすごく大きい。これって、地球の質量がとても大きくて、人を強く引っ張っているってことよね。

## 宇宙ではたらく万有引力

じゃあ、物体同士が引き合っているなら、わたしがここにいるだけで地球を引っ張ってるとも言える？

そうですね。地球が先輩の質量から受ける万有引力の大きさは、先輩の体重分です。これは地球の質量に比べると極めて小さいので、地球への影響は無視してかまわないですけどね。

物体同士がすごく離れていったら、力は届かなくなるかな？

遠くなればなるほど引力は小さくなって限りなく０に近づいていきます。でも、遠くなっても届いてはいるんです。たとえば…こんな写真。見たことありますよね？

●アンドロメダ銀河

(写真:Bill Schoening, Vanessa Harvey/REU program/NOAO/AURA/NSF)

あるある。

これは、アンドロメダ銀河の写真です。

重力と万有引力 第4章

**銀河**はたくさんの星の集まりですけど、よく見ると銀河の中心に星が引き寄せられてるように見えませんか？ 他のも見てみましょう。

●さまざまな銀河

**M104 ソンブレロ銀河**　　（写真:NASA/Hubble Heritage Team）

**ESO 498-G5**　　（写真:ESA/Hubble & NASA）

そういえばそうね。中心のほうが明るくて密度が濃い感じ。

これは星同士がお互いに引き合うことで中心のほうへ集まって、こういう形になっているんです。

そうなんだ！

数光年あるいはもっとずっと離れている星同士が引き合い、多いものだと100兆もの星が集まって巨大な集団を作るんです。さらに、何十もの銀河が集まって作られる**銀河団**や、もっと大きい**超銀河団**なんていうのもあるんですよ！　そのすべてが万有引力によって引き寄せられてできたもの。万有引力は宇宙を形作る、とってもダイナミックな力なんです！

●多くの銀河が
　集まっている銀河団

おとめ座銀河団。銀河どうしの引力によって集まっている。
（写真:NASA/JPL-Caltech/SSC）

すげー！　スケールが大きすぎて、大きさがわからない。

タマちゃん、プラネタリウムの解説員になれるよ！

エヘへ。

重力と万有引力 第4章

# 3 キャヴェンディッシュの実験

## 》万有引力の大きさを測定する

そんな万有引力を測定しようと、イギリスの物理学者 **キャヴェンディッシュ** が1798年にある実験をしたんです。物体間にはたらく万有引力を測定しようと試みたんですよ。

キャヴェンディッシュ
（1731-1810年）
イギリスの物理学者

さっきの話からすると、よほど質量の大きい物体でないと引力が小さすぎて測れないんじゃないの？

わずかな力でも測ることのできる特殊な装置を使ったんですよ。そして、その装置で鉛球の間にはたらく万有引力を測定したんです。

● **キャヴェンディッシュの実験装置**

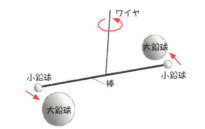

小鉛球を取り付けた棒はワイヤーで吊られ、回転するようになっている。万有引力によって小鉛球が大鉛球に少しだけ近づき、小鉛球を吊ったワイヤーがねじれる。ねじれの大きさから力の大きさを算出、万有引力を測定した。

大鉛球の質量約160kg　　小鉛球の質量:約0.7kg

## 地球の質量と万有引力を求める式

この実験によって、万有引力を実証することができました。そして、万有引力の大きさを測定できたことで、地球の質量を知ることもできたんですよ。

へ〜、どうやってわかったの？

地球の質量を $M$、半径を $R$ とすると、地表にある質量 $m$ の物体にはたらく万有引力について、次の式が成り立ちます。

$$mg = G\frac{mM}{R^2}$$

したがって、地球の質量 $M$ は

$$M = \frac{mgR^2}{Gm} = \frac{gR^2}{G} \quad \cdots\cdots\cdots ①$$

一方、小鉛球と大鉛球の間にはたらく万有引力の大きさ $F$ がわかっています。
小鉛球の質量＝$m_1$、大鉛球の質量＝$m_2$、小鉛球と大鉛球の距離＝$r$、とすると

$$F = G\frac{m_1 m_2}{r^2}$$

式①へ代入するために G についてまとめると

$$G = \frac{Fr^2}{m_1 m_2} \quad \cdots\cdots\cdots ②$$

重力と万有引力 第4章

したがって式①と②により、地球の質量 $M$ はこう表されます。

$$M = \frac{gR^2}{G} = gR^2 \, \frac{m_1 m_2}{F r^2} = \frac{m_1 m_2 g}{F} \cdot \frac{R^2}{r^2}$$

おー、これで計算できるんだね。

万有引力定数が消えてるわ。

そうなんです。万有引力の大きさを測定できれば、万有引力定数がわからなくても地球の質量を計算できちゃうんです。

なるほど。

キャヴェンディッシュの目的は地球の密度を求めることだったので、万有引力定数の値について言及することはなかったんです。でも、後の科学者はキャヴェンディッシュの実験結果から万有引力定数を導き出したんですよ。

式②から計算できる？

はい。計算された値は非常に精度が高かったんです。だから、キャヴェンディッシュの実験は、高精度の万有引力定数を測定した実験と言われることも多いんですよ。

# 4 運動の独立性

## 運動の独立性とは？

等速直線運動に等加速度直線運動、それに重力の話もしましたから、それらを組み合わせた運動を見てみましょうか。物理では直線的でない運動を扱うこともたくさんあります。

ボールを投げたときとか？

曲線運動はちょっと複雑そう。

そういった運動について考えるには、**運動の独立性**という運動の性質を利用すればいいんです。運動の独立性はガリレオが考察、検証した運動の性質で、投射体の実験によって確かめられたんです。

とうしゃたい？

つまり、投げたり打ち出したりした物体の運動の様子の解析をしたんです。たとえば水平な地面の上を等速運動している物体があったとして、地面が前方で切れていたらその先はどんな運動になるでしょう？

水平方向に勢いがついてるから、前に進みながら落ちるね。

はい。物体の運動はこんな軌跡を描くことになります。

## ● 投射体の運動

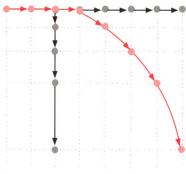

1目盛りは単位時間あたりの移動距離

水平方向では等速直線運動、垂直方向には自由落下による等加速度直線運動。投射体はこれらの運動を合成した運動をする。

この軌跡はいわゆる放物線ですよね。この前に進みながら落ちる運動は、**水平方向の等速直線運動と下へ向かう自由落下運動が合成されたもの**だと考えることができるんです。これはベクトルの合成をした結果ですね。速度、つまり運動の向きと速さを合成してるんです。

2つの黒い線の運動を合わせたものになってるのね。

はい。この放物運動は水平方向の運動に自由落下運動が加わっても、2つの運動状態を保ったまま運動をしていると見ることができます。これが運動の独立性ということなんです。ガリレオはこの考えをもとに実験を行って、運動の独立性を証明したんですよ。

## ● 放物運動の軌跡

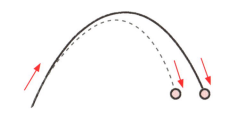

実線は重力以外の外力（空気抵抗など）がはたらかない場合。空気中での放物運動は空気抵抗によって破線のように軌跡が変わる。減速によって到達距離が短くなり、最高到達点は低くなる。

# 5 円運動

## 》向心力とは？

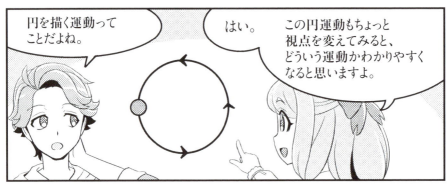

重力と万有引力 第4章

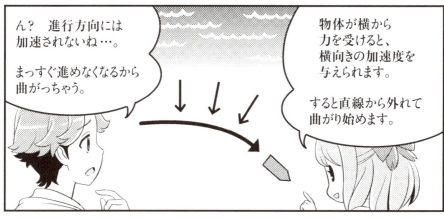

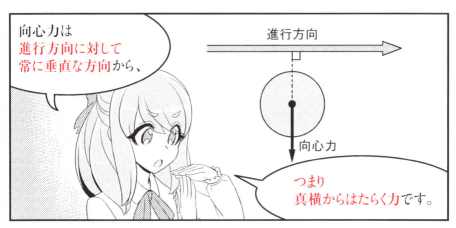

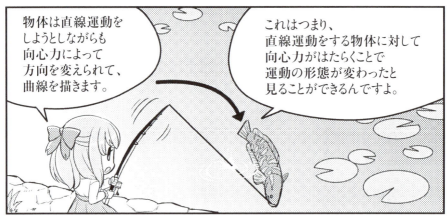

●向心力が小さい場合と大きい場合

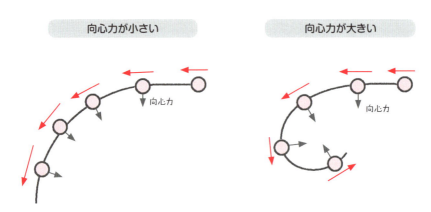

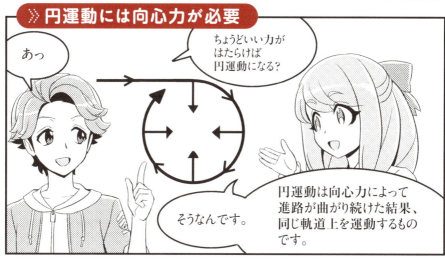

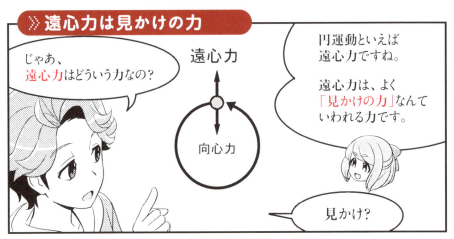

## 》円運動は加速度運動

## 》円運動の向心力を求める

円運動が加速度運動だということを踏まえて、円運動の向心力がどう表されるか見てみましょう。

回転運動をする物体が一定時間に回転する角度のことを**角速度**といい、物体の運動が1周するのにかかる時間のことを**周期**といいます。円運動の場合この周期を $T$ とすると、1周分の角度が360度＝$2\pi$ rad だから、角速度 $\omega$ はこう表されます。

$$\omega = \frac{2\pi}{T} \quad T = \frac{2\pi}{\omega}$$

$$\begin{pmatrix} \omega\,[\text{rad/s}] & : 角速度 \\ m\,[\text{kg}] & : 物体の質量 \\ v\,[\text{m/s}] & : 物体の速さ \end{pmatrix}$$

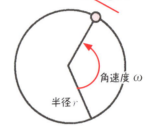

また、物体の速さ $v$ は、円周の長さを周期で割ればよいから、円の半径を $r$ [m] として、

$$v = \frac{2\pi r}{T}$$

よって、先の式と合わせると

$$v = 2\pi r \cdot \frac{\omega}{2\pi} = r\omega$$

さて、次は物体の加速度を求めてみましょう。

微小時間 $\Delta t$ の間に速度が $\vec{v}$ から $\vec{v'}$ に変わったとしましょう。

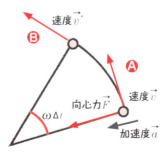

すると速度変化 $\Delta\vec{v}$ は、

$$\Delta\vec{v} = \vec{v'} - \vec{v}$$

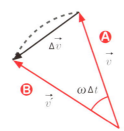

いま、物体が時間 $\Delta t$ の間に回転する角度は、$\omega\Delta t$ だから、図に破線で示した円弧の長さは、$v\omega\Delta t$（円弧の長さ＝半径×円弧の中心角）。ここで、$\Delta t$ が微小時間なので、この円弧は直線とみなすことができます。この直線の長さは $\Delta\vec{v}$ の大きさに等しいので、

$$|\Delta\vec{v}| = |\vec{v'} - \vec{v}| = v\omega\Delta t$$

したがって、加速度 $\vec{a}$ の大きさ $a$ は、

$$a = \frac{|\vec{v'} - \vec{v}|}{\Delta t} = \frac{v\omega\Delta t}{\Delta t} = v\omega$$

また、$v = r\omega$ なので、

$$a = v\omega = r\omega^2$$

ここで運動方程式 $\vec{F} = m\vec{a}$ を考えると、向心力の大きさ $F$ [N] は、

$$F = mr\omega^2 \quad \text{または} \quad F = \frac{mv^2}{r}$$

によって求めることができます。そして、向心力と加速度の向きは、いずれも中心方向を向いています。

# 6 スイングバイ

## 星の重力を利用した宇宙航法

人工衛星は地球の周りを回るために、地球の重力を利用しているといえますけど、宇宙探査機も星の重力を利用するんですよ。

宇宙探査機っていうと、話題になった「はやぶさ」とか？

そうですね。「はやぶさ」は小惑星を探査して、苦難に見舞われながらも無事に帰ってきましたよね。他にも太陽系の惑星や彗星などを調べる探査機がいろいろ投入されてきましたけど、その目的地はすごーく遠いところにあります。往復の時間を節約するには、エンジンを使って速度を上げればいいんですけど、探査機が積むような小さいエンジンは非力ですし、使える燃料や電気も限られています。だから、速度を効率よく上げる方法が重要なんです。

で、星の重力を利用して速度を上げるってこと？　そんなことできるの？

はい、**スイングバイ**という航法がそれです。

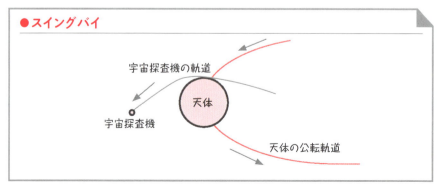

●スイングバイ

# 重力と万有引力 第4章

探査機が惑星などの天体の近くを通ると、天体の重力が向心力としてはたらくので、探査機の軌道を変えることができます。さらに、天体の公転の動きは探査機の速度を変える力としてはたらくので、効率よく加速や減速をすることができるんですよ。

### ●スイングバイの原理：探査機を加速する場合の軌道

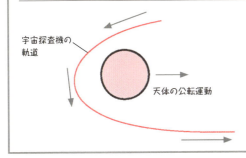

天体の重力によって探査機の軌道は変わるが、それだけだと最終的な速度の変化はない。探査機が公転する天体の後ろ側を通過すると、公転運動の力が探査機を加速させる。逆に、公転する天体の前側を通過させると、公転運動の力は減速する方向へはたらく。探査機の軌道を選ぶことで、探査機の加速や減速を行うことができる。

へー。星の重力と公転の動きを利用してるのね！

「はやぶさ2」が行った地球スイングバイは、ニュースでも話題になってました。

スイングバイに地球を使ったんだ。

はい。JAXA（宇宙航空研究開発機構）の発表によると、**地球スイングバイ**によって軌道は約80度変わって、速度は約1.6km/sも加速されて約31.9km/sになったそうです。1.6km/sといったら、ライフル弾の初速くらい。音速の340m/sと比べると、5倍近い速度を上乗せできたことになりますね。

そんなに！

それでも、探査の往復には6年かかるんです。宇宙は広いですよ！

# 7 地球と月：重力による結びつき

## ≫ 公転の中心は共通重心

●地球と月の共通重心

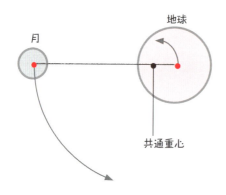

重力と万有引力 第4章

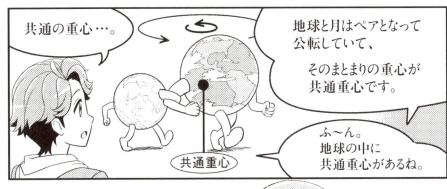

●地球と月の公転運動でのつり合い

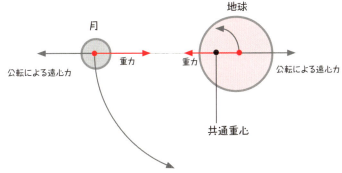

## ≫ 月が同じ面を地球に向けているわけ

●公転周期と月の自転周期の一致

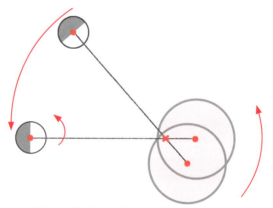

月は公転しながら自転している。その周期が一致しているので、常に同じ面を地球に向けている。

重力と万有引力 第4章

実は月の組成には偏りがあって、中心よりも地球に近い側に重い部分があるんです。

その重い側が地球の重力に引かれるので、同じ面だけを地球に向けているんですよ。

● 月が同じ面を向け続ける理由

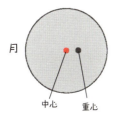

月の重心は地球側に偏っている

仮に月が回転して別の面を地球に向けようとしても、
重い面を地球の重力に引かれてしまうので回転できない。
起き上がりこぼしが倒れないのと同様の理屈で同じ面を地球に向け続ける。

● 起き上がりこぼしの原理

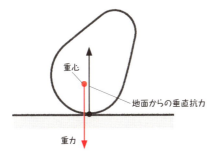

起き上がりこぼしの重心は下方にあり、
倒す力がはたらいても重力に重心を引かれて起き上がる。

奇跡的な現象ってわけじゃないんだ。

でも、こんなことが起こるのは、ちょっと神秘的よね!

## 潮汐が起こる理由

月と地球が影響を及ぼし合うことで起きる現象は他にもありますよ。

あ！　潮の満ち引きでしょ！　それに、亀やサンゴの産卵が、月齢や潮の満ち引きに関係してるっていうわよね。

あー、そうだね。

地球の表面では、共通重心を中心とする公転によって遠心力がはたらいてます。**この遠心力と月の重力が潮汐を起こしている**んですよ。月に近い側では遠心力と月の重力の影響で、海面が月の側へ盛り上がって満潮になります。逆に月から遠い側では月の重力の影響は小さくなりますが、遠心力は大きくなるので海面は盛り上がって満潮になります。月に近い面と遠い面とで、満潮が起きるんです。引き潮が起きるのは月の重力が海面を上げず、遠心力が小さめの地域ですね。潮の満ち引きの大まかなしくみはこんな感じです。

●潮汐（潮の満ち引き）が起きるしくみ

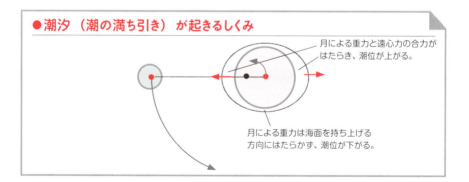

月による重力と遠心力の合力がはたらき、潮位が上がる。

月による重力は海面を持ち上げる方向にはたらかず、潮位が下がる。

## 大潮、小潮が起こるわけ

亀やサンゴの産卵と月齢が関係してるのは、なんでだろう？

重力と万有引力 第4章

サンゴは満潮、カメは干潮、それも大潮のころに産卵します。水棲生物がその時期に産卵することは多いんですよ。大潮は干満の差が最も大きくなるときで、月齢が新月か満月のときです。その時期に産卵すると生存確率が高まるのだろうと言われてますね。

大潮はなんで起こるんだろう？ 月の重力が大きくなるわけじゃないし。

新月と満月のときは、地球と月と太陽が一直線に並びます。すると、太陽による重力と月による重力の合力に最大のときと最小のときができて、潮の干満の差が最大になるんですよ。

宇宙規模の現象が、命の営みに関係してるんだね。

やっぱり神秘的だわー。

### ●太陽・地球・月の位置関係で起きる潮の満ち引き

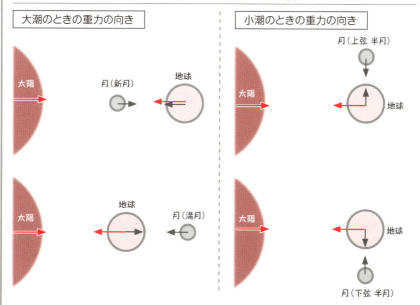

159

# 8 ケプラーの法則 −万有引力発見の契機

## ヨハネス・ケプラーとは？

こんなに重力の話ができるのもニュートンのおかげです。そして、ニュートンが万有引力の法則を発見できたのは、**ケプラー**の発見した法則があったからなんですよ。

ケプラー、名前は知ってる。

ヨハネス・ケプラー
(1571〜1630年)
ドイツの天文学者

ケプラーのいた時代は科学の黎明期で、科学的な知識と非科学的な知識がない交ぜになった時代だったのよ。

それって、**錬金術**があったころ？

そうよ。占星術や、今では魔術と同じような意味合いの錬金術も、当時はまじめに研究されていた学問だったのよ。物質の性質を理解しようとした錬金術は化学の発達に、天体の動きを理解しようとした占星術は物理学の発達へとつながっていったわ。けれど、実験や観察をせずに仮説や想像だけで現象を説明するような非論理的なことも行われていたから、それを疑問に思う人が現れはじめたのね。その1人がケプラーだったのよ。

## 天動説から地動説へ

「宇宙の中心に地球があって、その周りを太陽や他の天体が回っている」というのが、その昔信じられていた**天動説**ね。そこに、**コペルニクス**が地動説を提唱して新たな視点を持ち込んだのよ。

重力と万有引力 第4章

地動説とは宇宙の中心に太陽があり、地球を含む惑星が周りを回っているというものだわ。この段階の地動説は論理的な根拠には乏しくて、惑星の軌道は円を描いているとしていたの。これは実際とは違うから矛盾が生じていたのよ。

ニコラウス・コペルニクス
（1473～1543年）
ポーランドの天文学者

そういえば、イラストや映像で見る軌道は円じゃなくて、必ず楕円になっていますよね。

そうなの。そして地動説をコペルニクスが唱えた約半世紀後に、ケプラーが太陽系の惑星の運動に関する法則、**ケプラーの法則**を発見したの。ケプラーは太陽を巡る地球や火星など惑星の運動の詳細な観測結果を徹底的に分析し、何年もの間計算を重ねてとうとう3つの法則を発見したのよ。

### ●ケプラーの法則

【第1法則】すべての惑星は太陽を焦点とする楕円軌道上を運行する。

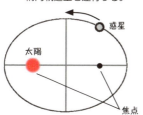

【第2法則】太陽と惑星を結ぶ線分が単位時間に描く面積は一定である。

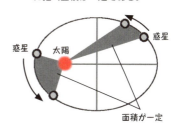

【第3法則】惑星の公転周期の2乗は、軌道の長半径の3乗に比例する。

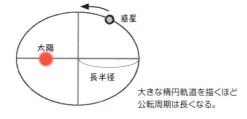

大きな楕円軌道を描くほど公転周期は長くなる。

## ケプラーの法則

天動説にしてもコペルニクスの地動説にしても、天体の運動は「等速の円運動」をするという考えを原則にしていたの。それが、ケプラーの第1法則によって惑星の軌道が楕円であることが示されたわ。そして、その面積速度が一定であるというのが第2法則よ。ちなみに、地球の軌道は楕円といってもほぼ円形なのよ。

ん〜、難しい…。

第2法則の意味するところは、**惑星が太陽に近づいたときは速く動いて、太陽から遠ざかるにつれて動きが遅くなる**ということ。つまり、太陽から何らかの力を受けて、その影響が太陽からの距離によって変わるということね。

太陽からの力って重力ですよね？

そうよ。このときはまだ、万有引力の存在がわかっていなかったんだけど、第1法則と第2法則は、惑星が太陽の影響下にあって、その運動を支配されていることを示しているのよ。

私たちが思い浮かべる太陽系のイメージですね。

そうね。そして、**第3法則は惑星の周期と軌道についての定量的な関係を示したもの。**つまり、惑星が数学的な法則に則って、太陽の周りを巡っているということを言ってるの。

ふ〜ん。数学的な法則っていうのがミソですね。

科学的にデータを分析した結果、得られた法則だというのも重要ね。

重力と万有引力 第4章

そうか。ただ考えただけじゃなくて、科学的な根拠に基づいてるってことですね。

科学的な考え方自体が、当時は一般的じゃなかったの。だから、これは本当に画期的なことだったのよ。でも、ケプラーはこれらの法則を発見したものの、太陽が惑星をつなぎとめている力や惑星が公転する力については、神の霊的な力がはたらいていると言っていたの。面白いでしょ。

全然、科学的じゃない…。

第3法則についても、神の御業（みわざ）の偉大さを示すものと考えたそうよ。ケプラーの研究も当時よく行われていた占星術の一環だったのかもしれないわね。でも、物理学が現在にも通ずる独自の言葉を持ち始めたのは、この頃だと言っていいでしょう。太陽と惑星の間にはたらく力の謎は、ケプラーの法則の発見から約50年後、ニュートンによって解明されることになるわ。ケプラーの研究結果をさらにまとめ上げたのが、ニュートンだとも言えるの。だから、ケプラーの法則がなかったら、ニュートンの万有引力の法則の発見もなかったでしょうね。

へー。ニュートンのほうが有名だけど、ケプラーもすごいんだ！

そうよ！　ガリレオやニュートンもすごいけど、ケプラーは近代科学の先駆者なのよ！

# 運動の相対性

この章でわかること

- 「観察者」が変わると運動が変わる？
- 「慣性系」と「非慣性系」ってなに？
- 「円運動」にはどんな力が関係してる？
- 「慣性」が力を生む？
- 「コリオリの力」ってどんな力？

# 1 無重量状態

## なぜ無重量状態になるのか？

## ●無重量状態

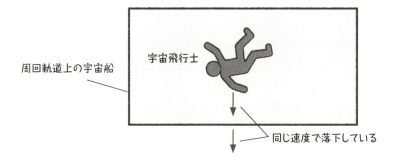

今のは宇宙船の外から観察した場合の説明ですけど、

同じ状況を宇宙船の中で観察するとちょっと見方が変わります。

地球周回軌道上の宇宙船の中にいるとしましょう。

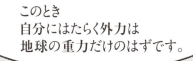

このとき自分にはたらく外力は地球の重力だけのはずです。

重力がはたらいているのに、ふわふわ浮かんでしまう。

- **重力と遠心力**

軌道を周回する動きは、等速円運動

# 運動の相対性 第5章

●運動の見え方

観察者が静止していれば、相対的な速度は、時速80km

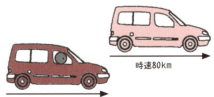

観察者が同じ速度で走っていたら、相対的な速度は、時速0km

# 2 ガリレオの相対性原理

## 観察する視点の違いで運動のあり方が変わる

運動とは観察者の運動状態によって変わる相対的なもの。この考え方の元には、ガリレオの提言した原理、**「ガリレオの相対性原理」** というものがあるんです。

相対性っていうとアインシュタインの相対性理論があるけど。

相対性理論は、まだまだ早いでしょ！

フフッ。アインシュタインの理論は、ガリレオの考えを進めたものなんです。ガリレオの相対性原理はわかりやすいですよ。

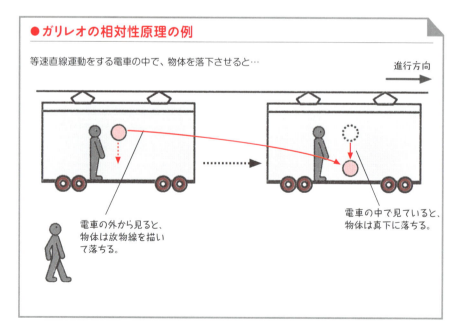

● ガリレオの相対性原理の例

等速直線運動をする電車の中で、物体を落下させると…　　進行方向 →

電車の外から見ると、物体は放物線を描いて落ちる。

電車の中で見ていると、物体は真下に落ちる。

# 運動の相対性 第5章

電車の外から観察すると、物体の落下運動は慣性による等速直線運動と合成され、放物運動になります。けれど、この放物運動を電車の中で観察すると、後から加わった落下運動しか見えない。等速直線運動が観察結果に影響を与えていないということです。

前に聞いた**運動の独立性**の話だわ。

はい。まさにその話から生まれた原理なんです。ガリレオはこう言っています。

大地（慣性系）の住人であり大地の運動を分有する我々は、その運動をまったく知覚することはなく、地上の事物のみを見ている間は大地の運動は存在しないようであるに違いない。

これはつまり、「等速直線運動をする電車のような慣性運動をする系であれば、その系がどんな運動をしても、系の中では同じ物理法則が成り立っている」と言っているんです。これがガリレオの相対性原理です。

ん〜、こういうこと？ 慣性運動をする系の中なら、その系が静止していようと動いていようと、系の中の物体は同じ物理法則で運動する。

そのとおりです！ 運動のあり方は相対的なものという性質を表しているのが相対性です。この相対性という考え方がとても重要なんですよ。**物体がどんな運動をしているかを決定できるような絶対的な視点はなくて、観察する視点があって初めて物体の運動を決定できる。**その観察者がどんな運動をしているかによって、物体の運動は変わってしまうということなんです。

へ〜、相対性か。ま、俺のカッコ良さは、けっこう絶対的だけどね。

 それは自分がカッコ良いって思っているだけで、他の観察者はそう思わないんだから、やっぱり相対的ってことでしょ。

 えっ？　そうなの…？

 そうみたいですよ。

# 3 慣性系と非慣性系

## 》慣性系とは？

ところで、慣性の法則とは？

えーと、外から力がはたらかなければ、物体は運動状態を保とうとする…。

そうです！　じゃあ、今度は等加速度直線運動をする電車の例で説明しますね。ひもにぶら下げたボールにはたらく力について考えましょう。

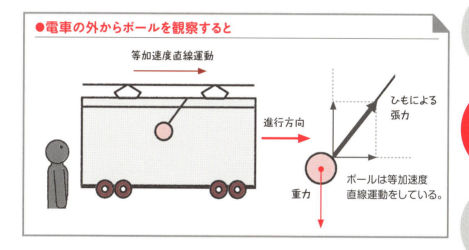

●電車の外からボールを観察すると

電車の外からボールを観察した場合、電車は水平方向に等加速度直線運動をしてますから、ボールも同じ加速度で等加速度直線運動をします。そして、ボールの加速度と質量とボールを進行方向へ引く力について運動方程式を立てることができます。運動方程式を立てられるということは、慣性の法則が成り立っているので、このような系のことを**慣性系**といいます。

## ≫ 非慣性系とは？

次に、等加速度直線運動をする電車の中でボールを観察した場合を見てみましょう。電車の中では、電車がどんな運動をしているかはわかりません。わかるのは、ボールにはたらく外力が重力とひもに引かれる力のみということと、ボールが静止しているということです。このとき、ひもは斜めに傾いています。ということは、ひもはボールを真上へ引くだけでなく水平方向へも引いていることになります。

力のはたらき方はさっきと同じだね。

はい。ひもからはたらく真上への力が、ボールにはたらく重力とつり合っているのも慣性系のときと同じです。違うのはボールが静止していることです。ボールにはたらく水平方向の外力は、ひもからの力だけです。つり合いの状態にない外力がはたらいたら、ボールは加速度運動をするはずなのに静止しているんです。

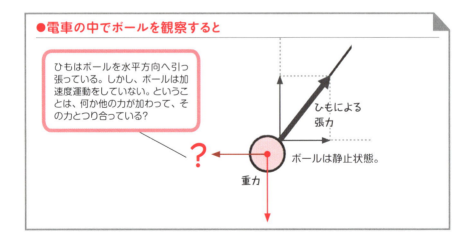

●電車の中でボールを観察すると

ひもはボールを水平方向へ引っ張っている。しかし、ボールは加速度運動をしていない。ということは、何か他の力が加わって、その力とつり合っている？

ひもによる張力

ボールは静止状態。

重力

ん？ 静止してるけど、引っ張られている？ 慣性の法則はどうなった？

運動の相対性 第5章

この場合、慣性の法則は成り立ってないし、運動方程式も成り立たないんです。

え～、物理の大原則が成り立たないと困るんじゃないの？

そうですね。そもそも慣性の法則が成り立たないのは、電車が加速度運動をしているからなんです。この例のように慣性の法則が成り立たない系のことを**非慣性系**といいます。

## 》非慣性系で生まれる見かけの力

非慣性系では慣性系の考え方が通用しないので、このままでは困ったことになります。さて、さっきの図を見てください。ボールにはたらく外力は重力とひもに引かれる力だけのはずです。ところが、ボールは何らかの力で後ろへ引っ張られて、力がつり合っていますよね？

たしかに。何にも引っ張られてないのに。

そこで、見かけの力なんです！

そうよね。遠心力と同じ話だわ。

外力じゃない見かけの力が発生したと考え合わせることで慣性の法則が成り立つし、運動方程式も成り立つんです。この見かけの力のことは**慣性力**ともいいますね。

観察の仕方であったりなかったりする力、だよね？

**慣性系で観測すると実在しない力**です。実在しない力だけど、非慣性系で観測すれば、たしかに力がはたらいているように見えたり感じたりする。そうすると、非慣性系の観測者にとっては力が実在するのと同じことになるんです。だから、見かけの力という言い方になるんです。慣性力は外力ではないけれど、慣性によって発生した力、ということですね。

ふ～ん。それが、観察の仕方で変わる相対的なものということなのね…。

## 》「系」とは？

そういえば、前に物体系という言葉が出てきたけど、慣性系の系も同じ意味よね？

「系」や「～系」は、全体の中の一部分を指す言い回しですね。今の慣性系、非慣性系の話のように、系がどういう部分を指しているかは、何について考えるかによって変わりますよ。

そっか。なになに系、っていう言葉はいろいろあるわよ。渋谷系とか原宿系とか。

太陽系も！ それから、座標系というのもあります。**座標系**とは、基準となる点や線、つまり座標を含んだ平面や空間のことです。この座標系を使えば、運動を測ることができるという便利なものです。物理や数学になくてはならない考え方ですね。

## 運動の相対性 第5章

● 座標系の例

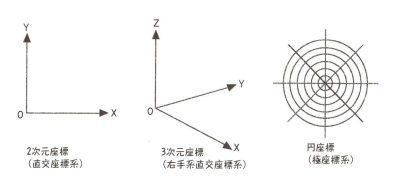

2次元座標
(直交座標系)

3次元座標
(右手系直交座標系)

円座標
(極座標系)

なるほどね。

とても大切な考え方なので、まとめておきますね！

### 慣性系と非慣性系

#### 慣性系とは？
慣性の法則が成り立っている座標系のこと。
慣性系の座標系全体は、速度が0の場合を含む等速直線運動をしていて加速度運動はしていません。
慣性系では遠心力などの慣性力ははたらいていません。

#### 非慣性系とは？
慣性の法則が成り立たない座標系のこと。
非慣性系の座標系全体は加速度運動をしています。加速中の電車もそうですし、加速度が回転の中心を向く円運動もそうです。また、非慣性系では【見かけの力＝慣性力】が存在します。

# 4 回転座標系と遠心力

## ≫ 回転座標系とは？

●観察者を含む回転座標系

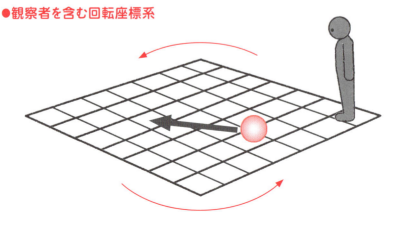

# 運動の相対性 第5章

## ≫ 回転座標系（非慣性系）

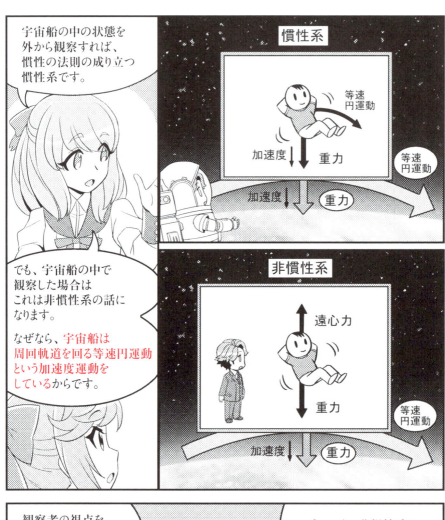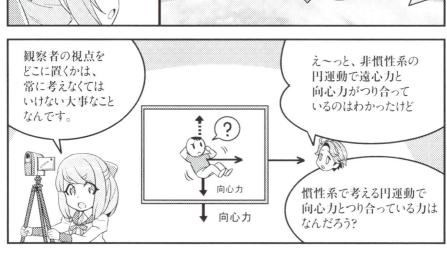

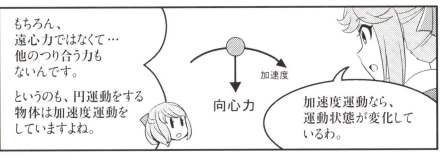

## 》電車がカーブしたときにカラダにはたらく力

●カーブする電車で生まれる慣性力

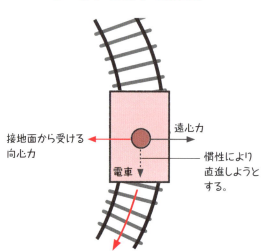

# 向心力と遠心力

向心力に着目して円運動を見てみましょう。

円運動をする物体には、必ず円の中心へ向かう力がはたらいています。その力がないと物体は円の軌道を描けません。直線運動しようとする物体を円運動につなぎ留める力、この中心を向いた力が**向心力**です。ひもにつけた物体を回転させるときも、ひもを使って物体を中心方向へ引っ張っています。そして、物体は向心力によって円運動という加速度運動をします。同じ運動を回転する物体から見る、つまり、非慣性系である回転座標系で観察すると、向心力とつり合うような外へ向かう外力は受けていません。このとき、向心力とつり合っている見かけ上の力が遠心力となります。遠心力の大きさ $F$ は向心力と同じなので、次の式で表されます。

$$F = mr\omega^2$$

● 向心力と遠心力のつり合いの図

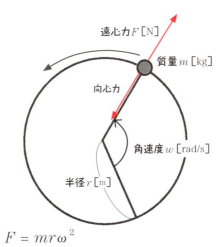

# 5 コリオリの力

## コリオリの力とは？

回転座標系で発生する慣性力は、遠心力だけじゃないんですよ。

そうなの？　でも、遠心力以外の力を感じることなんてあるかな～？

**コリオリの力**という慣性力があるんです。日常の物理現象で感じることはあまりないかもしれませんね。

じゃあ、どんなときに出てくるの？

回転座標系の中で物体が動いたときに発生する慣性力なんです。わかりやすい影響が出るのは、大砲の弾を遠くまで撃ったときの着弾地点とか、台風の渦の回転とかですね。回転座標系にある物体の動きで説明しますね。
右ページの❸-2の図を見てください。観察者から見ると、物体に外力ははたらいていないのに、何かの力を受けて運動の方向がずれていくように見えます。このとき、運動の方向を変えた見かけの力がコリオリの力なんです。方向を変える力ということで**転向力**ともいいます。

へ～、面白い！　これも遠心力みたいに、慣性系で見たら実在しない力なんだね。

そうですね。観察者の視点を含む系が回転運動という加速度運動をし、その中を物体が移動することで生まれる見かけの力です。移動方向に対して垂直な方向にはたらく力ですよ。

運動の相対性 第5章

## ●回転座標系にある物体の動き

等速で回転する座標系に固定された×印に向かって、回転の中心から物体が放出される。

### 回転座標系の外から観察する

**Ⓐ-1**

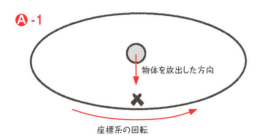

慣性系で見た動きは等速直線運動。

**Ⓐ-2**

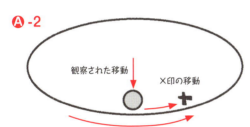

時間の経過とともに物体は直進する。目標とした×印は座標の回転に伴い移動している。

### 回転座標系内で観察する

**Ⓑ-1**

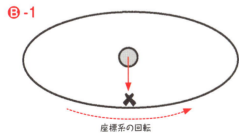

観察者の視点が×印に固定されていると、物体は非慣性系の運動をする。

**Ⓑ-2**

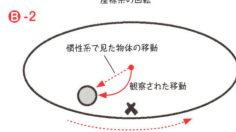

×印にいる観察者には、物体が前進しながら左にそれていくように見える。

## 》着弾のズレが生じるわけ

待てよ、大砲の弾にコリオリの力がはたらくって言ってたよね。回転するのは…。

地球の自転？ 地球自体が回転座標系になるってことね。

はい。地球を北極や南極側から見れば、等速で回転する円盤と同じことになります。だから、大砲の弾を撃つと着弾するまでに、地球の自転が目標地点を動かしてしまいます。それで、狙ったところと着弾地点にズレが生じてしまうんです。このズレは座標系が回転することで生じるものです。もし、この座標系が等速直線運動をするなら、慣性の法則が保たれていますから、ズレが生じることはありません。

### ●コリオリの力による着弾のズレ

外からの視点で見た場合（慣性系）、自転によって大地が回転運動すると、発射地点と狙った地点の移動距離には差が出る。そのため、弾は狙った地点と違うところに着弾する。
発射地点からの視点で見た場合（非慣性系）、狙った地点は正面にあり続けるが、弾は狙った方向からそれて飛んでいく。

もし、大地の運動が等速直線運動だとしたら、慣性の法則は保たれているので、弾は狙った方向へ飛んでいく。

# 台風の渦を作るコリオリの力

へ〜、こんなことが起こるんだね。台風の渦はどういう話なの？

台風の中心は気圧が低いので、その中心に向かって周囲の風が吸い寄せられます。このとき、風にコリオリの力がはたらくので、中心からそれた方向へ吹き込むことになります。すると、風が台風の目の周りをぐるぐる回って渦になるんですよ。

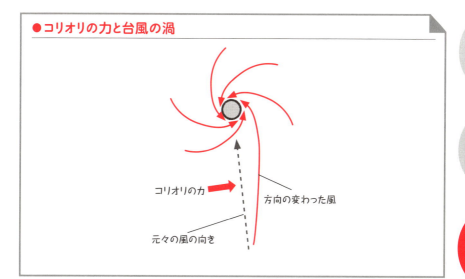

●コリオリの力と台風の渦

あんなに大きな渦がこうやってできているんだ〜。

物体の移動距離が大きかったり、座標系の回転速度が速かったりするとコリオリの力の影響は大きくなるんです。地球の自転で発生する場合は自転の速度が緩やかなので、力の出方は小さいんですよ。ちなみに、コリオリの力の向きは北半球と南半球では違います。地球を北極側から見るか、南極側から見るかで回転方向が変わりますよね？

そうか。え〜と、北から見ると左回りで、南から見ると右回り。北半球と南半球では、座標系の回転方向が変わるのか。それで、力の向きも変わるんだね。

● 北半球と南半球で変わる回転の向き

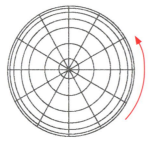 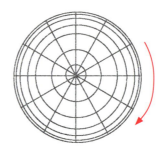

北極側から見た地球　　　　　南極側から見た地球

 力の向きが違うと台風の渦の向きが変わるんですよ。北半球では左回り、南半球では右回りになります。

● 台風の渦の向きの違い

北半球　　　　　　　　南半球

 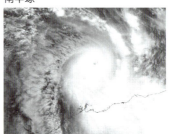

文部科学省ホームページより
http://www.mext.go.jp/a_menu/kaihatu/space/kaihatsushi/detail/1291251.htm

 ホントだ。反対回りになってる。

運動の相対性 第5章

それと緯度による違いもあります。極から見ると、緯線（緯度を示す線）の間隔は等間隔じゃなくなって、赤道に近づくほど間隔が狭くなってますよね。だから、南北方向の移動距離を極を中心にした円座標で見てみると、赤道に近いほどその距離が短くなります。コリオリの力の大きさは移動距離の大きさで変わるので、緯度によって影響の大きさが変わるということなんです。

ということは、赤道に近いほど、コリオリの力の影響が小さくなるのね。

そういうことです。コリオリの力による現象は他にもありますよ。偏西風はコリオリの力によって風の向きが変えられたものですし、海流もコリオリの力の影響を受けてます。調べてみると面白いですよ。

う〜ん。宇宙も面白いけど、地球も面白いなぁ〜。

天体望遠鏡、買うんでしょ！　浮気しちゃダメよ…

# 第6章

# 運動量保存の法則

**この章でわかること**

- 「運動量」ってなに？
- 「力積」ってなに？
- 「運動量が保存される」ってどういうこと？

# 1 運動量

## 》動いている物体の勢いを表す量

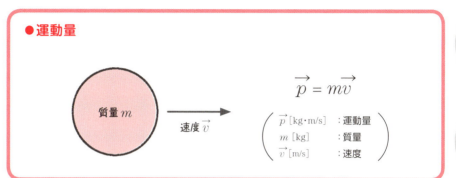

# 2 力積

## 》運動量が変化するとき

じゃあ、運動する物体に何かしら力がはたらいて運動の向きと大きさが変わったとき、つまり運動量が変化したときのことを考えてみましょう。

運動量が変化するときっていうと？

他の物体とぶつかるなどしたときですね。ボールをバットで打つ、というのが定番の例でわかりやすいイメージです。

### ●打撃による運動量の変化

バットによってボールに力がはたらき、ボールの運動量が変化する。

物体の運動を変化させた力を $F$、力がはたらいた時間の長さを $t$ として運動量の変化をどう表せるかというと…

## ●運動量の変化

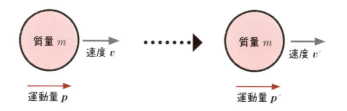

運動量＝質量×速度だから、運動量が $p$ から $p'$ へ変わったときの運動量の変化 $(p'-p)$ は、

$$p' - p = mv' - mv$$
$$= m(v' - v)$$

単位時間あたりの運動量の変化を見るために、両辺を力がはたらいた時間 $t$ で割ると

$$\frac{p' - p}{t} = \frac{m(v' - v)}{t}$$

ここで、$\frac{v'-v}{t}$ は、単位時間あたりの速度の変化、つまり加速度のこと。だから加速度を $a$ として書き換えると、

$$\frac{p' - p}{t} = ma$$

となる。さらに、運動方程式により、$ma = F$ だから

$$\frac{p' - p}{t} = ma$$
$$= F$$

両辺に $t$ を掛けて整理すると運動量の変化はこうなる。

$$p' - p = Ft \ [\text{N} \cdot \text{s}]$$

つまり、運動量の変化量は、「はたらいた力」と「力がはたらいた時間の長さ」をかけたもの $Ft$ に等しくなるんです。そして、この $Ft$ のことを**力積**というんですよ。

●力積

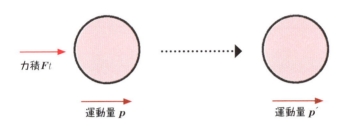

物体に力積 $Ft$ を与えることによって運動量が $p$ から $p'$ に変化する。

力積……。力が積もったもの…って感じかしら。

物体が衝突したときの力積は、衝撃の量とか度合いを表していると言えますね。

あれ？ 運動量の単位は [kg・m/s] で、力積の単位は [N・s] なのか。単位が違うけどいいの？

力積の単位を書き直すと [N] は [kg・m/s$^2$] なので、[N・s] は、[kg・m/s$^2$・s] つまり、[kg・m/s] になるので運動量の単位と同じになります。示す意味合いが違うだけで、同じ単位なんですよ。

そうなんだ。

## 運動量保存の法則 第6章

## 》 着地の瞬間に膝を曲げるのはなぜか

力積を受けて運動量が変化する場面は、身近にいろいろありますよ。スポーツでもありますし。

ボールを打ったり蹴ったり、タックルしたり。

体感としてわかりやすいのは、ジャンプして着地するときの動作ですね。

着地で膝を曲げる動作のことね。

はい。膝を曲げる動作が衝撃をやわらげる理由は、力積について考えるとわかりますよ。着地の衝撃をやわらげるには、そのときに受ける力を小さくする必要があります。受ける力積の大きさは着地の動作にかかわらず同じなので、力積 $Ft$ の $t$ を大きくすることができれば、$F$ を小さくすることができます。そのためには、着地と同時に膝を曲げて力がはたらく時間を長くすればいい、というわけなんです。

● 着地時の力積

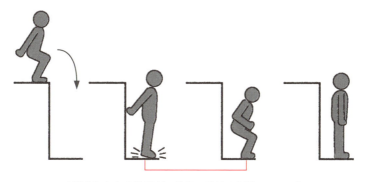

この動作にかかる時間が、着地で受ける力積 $Ft$ の $t$ になる。

もし、膝を曲げずに着地したら力がはたらく時間は一瞬です。

痛そー。体が受ける衝撃は桁違いに大きくなるだろうから、ケガのもとだわ。

クッションやバネで衝撃を緩和させるやり方はいろんなところで使われていますけど、同じ理屈なんです。靴底のゴムだって同じですよ。

なるほど。ゴムを使うのも力がはたらく時間を長くするためなんだね。

# 3 運動量保存の法則

## 》「運動量が保存される」とは？

さっき少し言いましたけど、運動量については大事な法則があるんです。

保存される？　だっけ？

それです！　**物体の運動量は外力がはたらかなければ、その総量は変わらない**という法則があるんです。たとえばこんな感じ。

●2物体の衝突 1

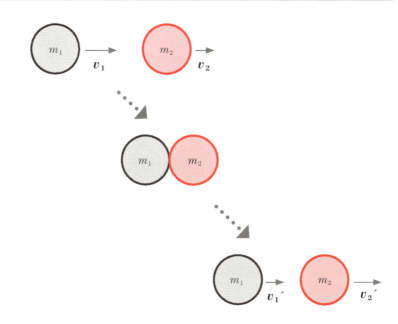

$$m_1 \boldsymbol{v_1} + m_2 \boldsymbol{v_2} = m_1 \boldsymbol{v_1}' + m_2 \boldsymbol{v_2}'$$

## ●2物体の衝突 2

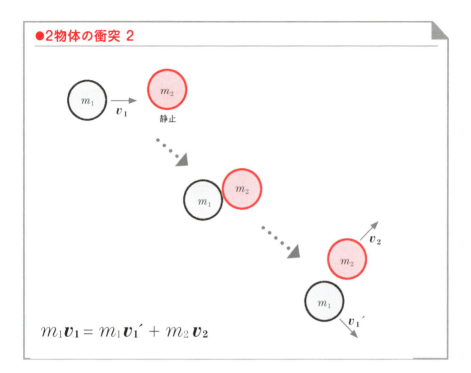

$$m_1 \boldsymbol{v_1} = m_1 \boldsymbol{v_1}' + m_2 \boldsymbol{v_2}$$

## ●物体が分離した場合

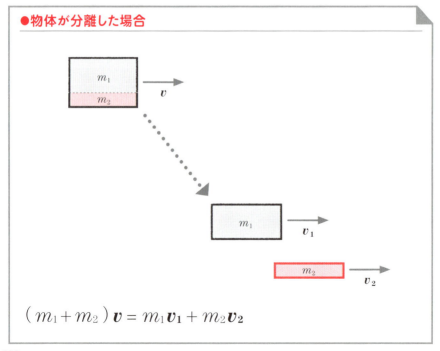

$$(m_1 + m_2)\boldsymbol{v} = m_1 \boldsymbol{v_1} + m_2 \boldsymbol{v_2}$$

運動量保存の法則 第6章

複数の物体が衝突したときでも、1つの物体が分離して複数の物体になったときでも、運動量の総和はどの瞬間をとっても常に同じなんです。運動量が変わらずに保存されているので、これを **運動量保存の法則** といいます。物理学には大事な保存則がいくつかありますけど、これはその1つなんですよ。

## 運動量保存の法則と作用・反作用の法則の関係

外力がはたらかなければ、トータルでは増えることも減ることもないのか。感覚的にはわかるかな。

衝突したときに一方の速度が減って運動量も減ったら、もう一方は速度が増えて運動量も増える。

はい。そして、運動量の変化をもたらすのは力ですから、物体は力積を受けています。さっきの図で、衝突した物体の運動量が保存されている関係を見てみると、力を及ぼし合っているのがわかりますよね？ こういうふうに力を及ぼし合うペアに見覚えありませんか？

力を及ぼし合うペア…といえば作用・反作用かな？

それです！ 実は、**運動量保存の法則は、作用・反作用の法則から導くことができる** んですよ。外力がはたらいていなければ、物体同士が及ぼし合う力は作用・反作用の力、内力だけです。内力は系の中で打ち消し合っている力ですから、力の増減はないわけです。だから力のやり取りをして、運動量が増えたり減ったりしてもトータルでの運動量は変わらないんです。

なるほど！

# 4 反発係数

## 》反発係数とは？

衝突に関係あることをもう１つ説明しますね。物体が衝突して跳ね返ったとき、衝突前と衝突後の速度の比率のことを**反発係数**といいます。**はねかえり係数**ともいいますよ。衝突する２つの物体の材質などによって決まる数値です。

$$\text{反発係数}\ e = -\frac{\text{衝突後の相対速度}}{\text{衝突前の相対速度}}$$

衝突後の速さが衝突前より大きくなることはないので、$e$ の値は、$0 \leqq e \leqq 1$ となります。

相対速度って何に対する速度？

衝突は２つの物体の間で起こるので、その一方に対する速度のことですね。どっちの物体に対する相対速度でもかまわないです。

何でマイナスがついているの？

これは、反発係数を正の値で表すためのものです。物体が衝突してはね返ると、運動の向きが変わるから速度ベクトルの正負が変わっちゃいます。だから、反発係数を正の値にするには、負号が必要なんですよ。

ふむふむ。

## 衝突のパターン

現実の物体の衝突では変形や音や熱などの発生による損失があって、そういった衝突は**非弾性衝突**。損失がなく、はねかえり前後の速さが同じ衝突を**完全弾性衝突**といいます。**完全非弾性衝突**は衝突後に、はね返らないで相対速度が0になる。つまり、くっついちゃう衝突のことです。

● 衝突のパターン

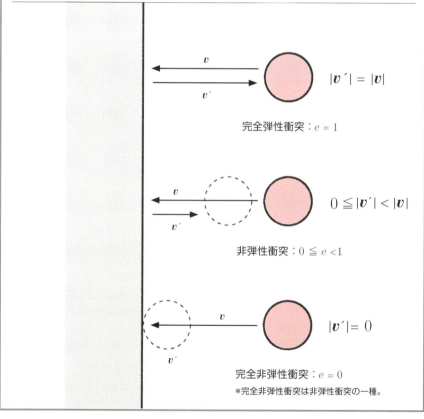

完全弾性衝突：$e = 1$

非弾性衝突：$0 \leq e < 1$

完全非弾性衝突：$e = 0$
＊完全非弾性衝突は非弾性衝突の一種。

野球の硬式球の反発係数は、0.4くらい、ビリヤードのボールだと0.9以上あるんですよ＊。

＊硬式球は、球と鉄板、ビリヤードボールはボール同士の反発係数。

## ≫ 2つの物体の衝突後の速度を求める

反発係数を使って2つの物体が衝突した後の速度を表してみましょう。

2つの物体について、
質量 $m_1$ の物体A：衝突前の速度 $v_1$、衝突後の速度 $v_1'$
質量 $m_2$ の物体B：衝突前の速度 $v_2$、衝突後の速度 $v_2'$
とすると、このときの反発係数 $e$ は、

$$e = -\frac{v_1' - v_2'}{v_1 - v_2}$$

これを $v_1'$ について書き直すと

$$v_1' = v_2' - e \cdot (v_1 - v_2) \quad \cdots\cdots\cdots ①$$

また、AとBからなる物体系に対して外力がはたらかなければ、衝突の種類にかかわらず運動量保存の法則が成り立ちます。したがって、次のように表すこともできます。

$$m_1 v_1 + m_2 v_2 = m_1 v_1' + m_2 v_2'$$

$$v_1' = v_1 + \frac{m_2}{m_1} \cdot (v_2 - v_2') \quad \cdots\cdots\cdots ②$$

Bが地面に固定された壁だった場合は、どう表されるでしょうか？

このとき、$v_2$ と $v_2'$ はともに0なので、式①により

$$v_1' = -e v_1$$

したがって、たとえば反発係数が1ならば $v_1' = -v_1$ となります。これは同じ速さのまま向きが逆になってはね返るということです。

そして、Bが地面に固定されているので、Aとの衝突時にBには地面からの力がはたらきます。これは、AとBからなる物体系が外力を受けるということです。したがって、この物体系の運動量は保存されず式②も成り立ちません。

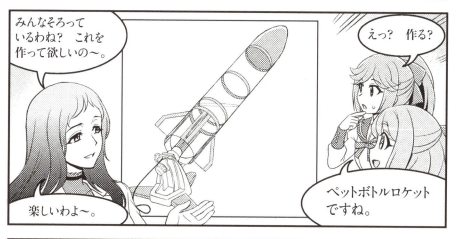

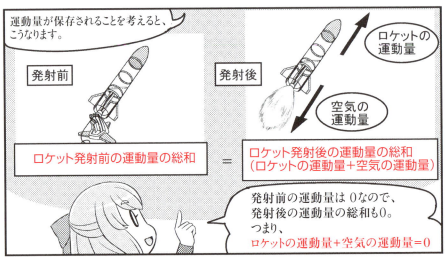

# 第7章

# エネルギー保存の法則

**この章でわかること**

- 「エネルギー」ってどういうもの？
- 「仕事」と「エネルギー」はどんな関係？
- 「エネルギーが保存される」ってどういうこと？
- 「エネルギーが変換される」ってどういうこと？

# 1 仕事とエネルギー

## エネルギーとは? 仕事とは?

ところで、**エネルギー**って何だと思います?

ん? エネルギー、あらためて聞かれると。ん〜なんだろ? 活力?

エネルギーを蓄えるとか消費するとか言うし。力の源みたいなもの?

そんな感じですね。物理でエネルギーといったときは、**物理学的な仕事ができる「能力」**のことをいいます。**仕事をする源になる「量」のこと**、と言ってもいいですね。物体が仕事をするとエネルギーは減りますし、逆に仕事をされるとエネルギーが増えるという関係にあります。仕事をしたりされたりすると、同じ量だけエネルギーの増減があるんです。

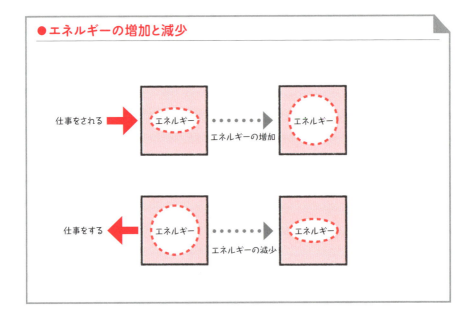
● エネルギーの増加と減少

エネルギー保存の法則 第7章

運動するとお腹が減るのと似てるけど。でも、物理学的な仕事？なんだよね。

**物理でいう「仕事」**は、日常生活でいう仕事とは別の意味なんですよ。物体に力がはたらいて移動したときに、その物体は**「仕事をされた」**というんです。仕事は量として換算できて、次の式で求められます。

● 仕事を求める式

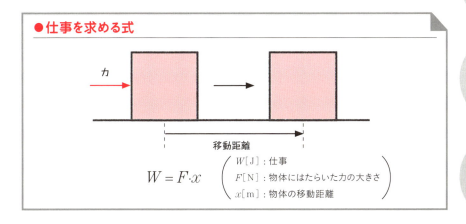

$$W = F \cdot x$$

$W\,[\mathrm{J}]$：仕事
$F\,[\mathrm{N}]$：物体にはたらいた力の大きさ
$x\,[\mathrm{m}]$：物体の移動距離

[J] は、[N・m] と等しい**ジュール**という単位です。物体の移動方向と物体にはたらいた力の方向が違う場合は、移動方向の力の成分だけが物体に対して仕事をしたと考えるんです。

● 仕事をするのは移動方向の力の成分

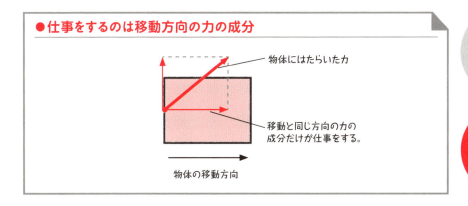

力をベクトル分解するのね。

はい。そして、力がはたらいて物体が移動したときに、力の向きと移動方向が同じなら、その力は**「正の仕事」**をしたといいます。力の向きと移動方向が逆向きの場合は、その力は**「負の仕事」**をしたというんですよ。

正の仕事はわかるとして…負の仕事をする…。

たとえば、人が物体を押して移動させると、物体にはたらく力の向きと物体の移動方向が同じだから「人は物体に対して正の仕事をする」ことになります。同時に、物体から人へは作用・反作用の力がはたらいてますよね？ この力の向きと人の移動方向が逆向きだから、「物体は人に対して負の仕事をする」ことになるんです。

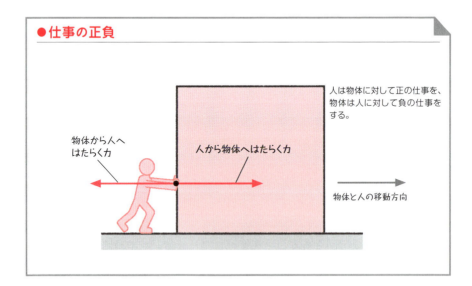
●仕事の正負

そういうことか。

# エネルギー保存の法則 第7章

このとき、人の持つエネルギーは減って、物体の持つエネルギは増えてます。つまり、正の仕事をするとエネルギーは減って、負の仕事をするとエネルギーが増えるんですよ。

なるほど。

## 仕事率

それと、単位時間あたりにする仕事を話題にすることもありますね。その場合は、仕事を仕事にかかった時間で割った**仕事率**という量を使います。
仕事率の単位は、仕事の単位［J］を時間の単位［s］で割った［J/s］ですけど、普通は［J/s］と同じ意味の**ワット**［W］という単位を使います。

● **仕事率を求める式**

$$P = \frac{W}{t} \quad \begin{pmatrix} P[\mathrm{W}] : 仕事率 \\ W[\mathrm{J}] : 仕事 \\ t[\mathrm{s}] \phantom{]]} : 仕事にかかった時間 \end{pmatrix}$$

仕事の記号の $W$ と単位の［W］と紛らわしいわね。

そこは注意しないといけませんね。

ワットって、電気で使う単位と同じものなの？

はい。電力の単位のワットの場合は、電流が単位時間にした仕事になるんですよ。

# 2 運動エネルギーと位置エネルギー

## 》運動エネルギーとは？

エネルギーはいろんな形態で存在するものですけど、力学に関係するエネルギーは**力学的エネルギー**です。この力学的エネルギーは**運動エネルギーと位置エネルギーの和**で表されるものなんです。

● 力学的エネルギー

$$E = K + U \quad \begin{pmatrix} E:力学的エネルギー \\ K:運動エネルギー \\ U:位置エネルギー \end{pmatrix}$$

**運動エネルギー**は、名前のとおり、動いている物体の持つエネルギーのことです。運動エネルギーは物体の質量と速さの2乗に比例することがわかっていて、こう表されます。

● 運動エネルギー

$$K = \frac{1}{2}mv^2 \quad \begin{pmatrix} K[\mathrm{J}] \ \ :運動エネルギー \\ m[\mathrm{kg}] \ :物体の質量 \\ v[\mathrm{m/s}]:物体の速さ \end{pmatrix}$$

## 》位置エネルギーとは？

もう1つの力学的エネルギーである**位置エネルギー**は、静止した物体でも持てるエネルギーです。

エネルギー保存の法則 第7章

動かない物体がエネルギーを持ってる…。なんかイメージしにくいわね。

内に秘めたエネルギーみたいな感じですかね。位置エネルギーのことは、**ポテンシャルエネルギー**ともいうんです。これは、物体が潜在的に持っているエネルギーという意味です。

位置エネルギーっていうくらいだから位置が関係あるんだよね？

そうなんです。位置エネルギーは、名前のとおり、物体の存在する位置が関係したエネルギーのことです。たとえば、物体を低いところから高いところへ移動させたとしたら、そのとき物体がされた仕事は位置エネルギーとして蓄えられるんです。

● 位置エネルギーが増加する例（遊園地のフリーフォール）

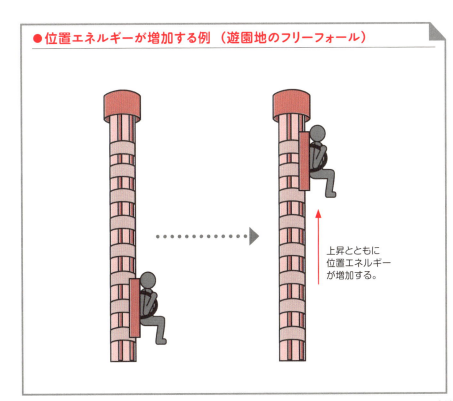

上昇とともに位置エネルギーが増加する。

仕事は物体にはたらいた力と移動距離の積でしょ？ これが位置エネルギーになるんだ。

そうですね。高さを変える仕事によって位置エネルギーが変化するときは、物体にはたらく重力が関係してます。だから、この位置エネルギーは**重力による位置エネルギー**といいます。重力による位置エネルギーは、物体の質量と高さに比例していて、次のように表されるんですよ。

● **重力による位置エネルギー**

$$U = mgh \quad \begin{pmatrix} U[\mathrm{J}] & :位置エネルギー \\ m[\mathrm{kg}] & :物体の質量 \\ g[\mathrm{m/s^2}] & :重力加速度 \\ h[\mathrm{m}] & :物体の基準面からの高さ \end{pmatrix}$$

これは、重さ $mg$ の物体を高さ $h$ だけ動かすための仕事と考えればいいですね。された仕事がすべて位置エネルギーとして蓄えられるので、$mgh$ が位置エネルギーを表すことになるんですよ。

じゃあさ、重力が関係ない位置エネルギーもあるの？

そうなんです。バネやゴムのように弾力のある物体が変形すると、その物体にはエネルギーが蓄えられます。これをポテンシャルエネルギーの1つとして**弾性力による位置エネルギー**あるいは**弾性エネルギー**というんです。たとえば、バネにオモリをつけてぶら下げると、そのバネには弾性エネルギーが蓄えられるんですよ。

エネルギー保存の法則 第7章

● 弾性力による位置エネルギー

$$U = \frac{1}{2}kx^2 \quad \begin{pmatrix} U[\mathrm{J}] &: 弾性力による位置エネルギー \\ k[\mathrm{N/m}] &: バネ定数 \\ x[\mathrm{m}] &: バネの伸縮の長さ \end{pmatrix}$$

バネ定数とはバネやゴムなど弾力のある物体に固有の比例定数のことです。単位長さを伸縮させるのに必要な力の大きさですね。伸縮させるのに大きな力がいる硬いバネほど、バネ定数は大きくなります。

$F$ を弾性力の大きさ、$x$ をバネの伸縮の長さとすると、

$$F = kx$$

の関係があります。

● 位置エネルギーは、どこに蓄えられる？

運動エネルギーは運動している物体に蓄えられます。弾性力による位置エネルギーは、弾性力を出した物体に蓄えられます。重力による位置エネルギーはどうでしょうか？

物体に蓄えられる、と理解している人は多いと思いますが、実際はそうではありません。重力による位置エネルギーは、物体と地球の間の空間、重力場と呼ばれるところに蓄えられるものなのです。
学校などで、「位置エネルギーは物体に蓄えられる」と教えることが多いのは、その方がイメージしやすいから。また「場」という概念がとらえにくいからでしょう。ただ、「位置エネルギーは物体に蓄えられる」という前提で計算をしても、結果だけを見れば正しい値を出すことができます。

# 3 エネルギー保存の法則

## 「エネルギーが保存される」とは？

そして、運動量については運動量保存の法則がありますけど、エネルギーについても**エネルギー保存の法則**という大事な法則があります。孤立した系の中においてエネルギーの総量は保存される。つまり外部とのやり取りがない系の中では、エネルギーの形態が変わったとしてもエネルギーの総量は変わらない、という法則です。

エネルギーの損失っていうよね？ 損失がなければ、保存される？

はい。力学に限った場合は、「力学的エネルギーは保存される」といいます。ジェットコースターの例がわかりやすいですよ。

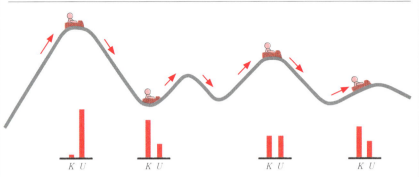

●力学的エネルギーの保存（ジェットコースター）

$K$ = 運動エネルギー
$U$ = 位置エネルギー

どの地点でも$K+U$は保存されていて、位置エネルギーと運動エネルギーの相互変換によって速さが増減する。

エネルギー保存の法則 第7章

たしかにジェットコースターって、動力がないわよね。高いところから落ちる勢いだけで走ってる。

速さが増えたり減ったりするのは、力学的エネルギーが保存されているからなんだ。

もし摩擦や空気抵抗などがないツルッツルの世界だったら、力学的エネルギーの総量は増えも減りもしません。どんなに上がったり下がったりを繰り返しても、レールがあるかぎり走り続けるんですよ。もし、孤立した系の外に対して仕事をした場合は、その仕事分を考慮すればエネルギーの総量はやっぱり保存されるんです。

● エネルギーの保存（外部に対し仕事をした場合）

ある物体が外部に対し仕事$W$をしてエネルギーの状態が状態Aから状態Bへ変わったとする。

A: $E_1$（力学的エネルギーの総量）＝ $K_1$（運動エネルギー）＋ $U_1$（位置エネルギー）

B: $E_2$（力学的エネルギーの総量）＝ $K_2$（運動エネルギー）＋ $U_2$（位置エネルギー）

仕事$W$を考慮すると、AとBでエネルギーの総量は保存され、$E_1 = E_2 + W$だから次が成り立つ。

$$K_1 + U_1 = K_2 + U_2 + W$$

## 現実の世界でエネルギーは保存されるか

じゃあ、摩擦や空気抵抗がある現実の世界ではどうなる？

摩擦などによってエネルギーの損失が起きるので、たとえばジェットコースターの持つ力学的エネルギーは保存されないんです。でも摩擦で発生した熱や音のエネルギーや、周囲にある空気の運動エネルギーなどをすべて考慮すれば、エネルギーの総量は必ず保存されています。それらを外部への仕事と考えれば、さっきの話と同じことになりますね。保存則を考えるときは、系の範囲を把握することが大事なんですよ。

なるほど、やっぱり保存されるんだ。じゃあ…エネルギーっていえば、食べ物はエネルギーの元だよね？　これも保存される？

食べ物の摂取カロリーや運動の消費カロリーの計算って、つまりはエネルギーの計算でしょ。だから同じなんじゃない？　食べた量と体の発熱や運動量やもろもろ全部計算すれば保存されてるはずよね？

そうですね。でないと自然の摂理に反してしまいますからね。

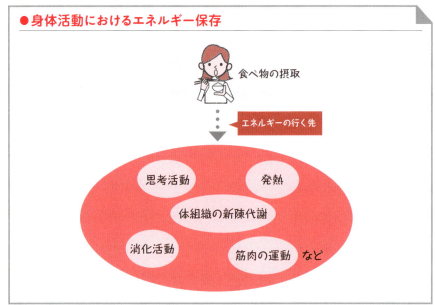

● 身体活動におけるエネルギー保存

エネルギー保存の法則 第7章

永久機関って聞いたことありません？

あるある。放っといても永久に動く機械でしょ。

え？ そんなのあるの？

いえいえ、実在はしないんです。エネルギー保存の法則を考えれば、ありえないんですよ。機械なら必ずどこかに摩擦などの抵抗がありますから、そこでエネルギーが失われます。エネルギーの損失があるなら、何の助けもなしに永久に動くってことは絶対にないんです。

それは、残念。

## 重力のする仕事と位置エネルギー

さっきの話だと位置エネルギーも、仕事ができるわけだよね？

大雑把に言えばそうですね。でも、エネルギーは仕事をする能力、できる仕事量を表すものです。だから、正確にはエネルギーが仕事をするわけじゃないんです。仕事をするのは力ですよね？

そういえば、そうだ。

たとえば、高いところに静止している物体が自由落下すると、物体は重力によって加速され速度が生まれます。これは、重力のした仕事が運動エネルギーになったということです。同じ現象を位置エネルギーに着目して見てみると、自由落下によって物体の持つ「重力による位置エネルギー」は減少して、その減少分が運動エネルギーになってるんです。

### ●自由落下による力学的エネルギーの変化

位置エネルギー：$mgh$
運動エネルギー：$0$

$h$

位置エネルギー：$0$
運動エネルギー：$\dfrac{1}{2}mv^2$

重力が仕事をして、位置エネルギーが減ったってこと？

いえいえ。「重力が仕事をした」ことと「位置エネルギーが減少した」ことは、原因と結果ではなく等価なこと、同じことを別の見方で言ってるだけなんです。2つの見方を式で表してみますね。

エネルギー保存の法則 第7章

左辺を物体が静止した状態、右辺を自由落下によって速さを得た状態を表すと思ってください。
質量 $m$ の物体が、高さ $h$ の落下によって速さ $v$ を得たとき、

● 仕事とエネルギーの関係は、

$0$（運動エネルギー）$+ mgh$（重力による仕事）$= \dfrac{1}{2}mv^2$（運動エネルギー）

● エネルギーの保存についての関係は、

$0$（運動エネルギー）$+ mgh$（位置エネルギー）

$= \dfrac{1}{2}mv^2$（運動エネルギー）$+ 0$（位置エネルギー）

…となります。同じような式ですけど、表す意味が違うんですよ。

そうなんだ。ちょっとわかりにくいところね。考えてみるわ。

ところで、今の位置エネルギーが減少して運動エネルギーが増加したというのは、**位置エネルギーが運動エネルギーに変換された**、ということもできるんです。

エネルギーの変換？

はい。エネルギーが他のエネルギーへと形態を変えるのが、エネルギーの変換です。

# 4 いろいろなエネルギー

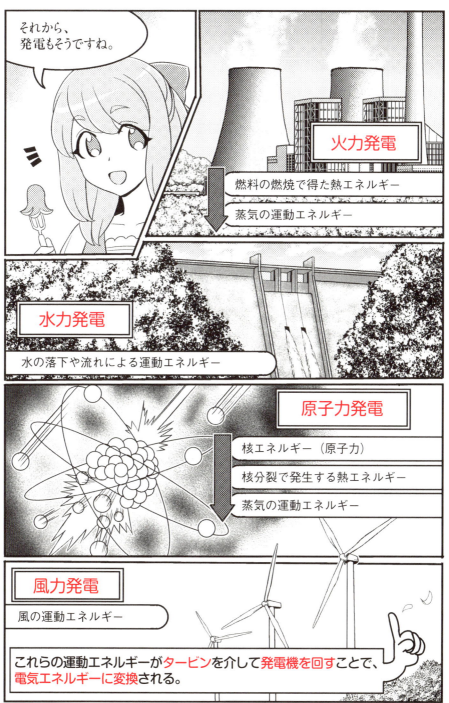

## エネルギー保存の法則　第7章

● **ジュールの実験（簡略図）**

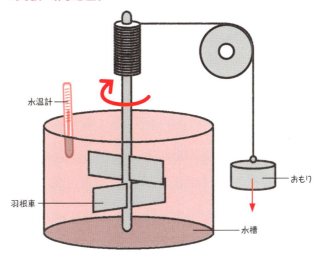

水温計　羽根車　おもり　水槽

❶ おもりの落下によって羽根車付きの軸が回転する。
❷ 水槽の中の水が撹拌（かくはん）され水温が上昇する。
❸ 水温を計測することで、羽根車の運動エネルギーが熱エネルギーに変換されることを確かめた。

へ〜、こんなので水の温度が上がるんだ。

シンプルな実験ですよね。

わずかな水温の上昇も測れるこの装置でエネルギーが変換されることを確かめて、仕事量と熱量の関係も計測したんです。

この実験の結果などから、エネルギー保存の法則が成り立つこともわかったんですよ。

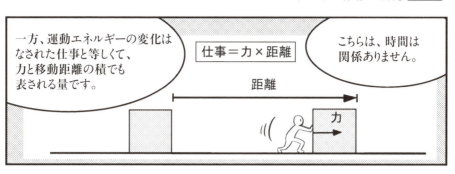

# さくいん

## 英数

ISS ································· 167
MKSA単位系 ······················· 85
MKS単位系 ···················· 85・119
SI ····································· 85

## あ行

アポロ15号の実験 ················· 100
位置エネルギー ······ 218・220・222・226
宇宙速度 ···························· 123
運動エネルギー ·······························
················ 218・222・224・226・232
運動の合成 ······················ 143・145
運動の相対性 ························ 171
運動の第1法則 ······················· 70
運動の第3法則 ······················· 30
運動の第2法則 ······················· 82
運動の独立性 ···················· 142・173
運動方程式 ······················· 82・110
運動量 ······················ 194・196・232
運動量保存の法則 ··· 201・202・206・208
永久機関 ···························· 225
エネルギー ·························· 214
エネルギー保存の法則 ················ 222
円運動 ························· 144・185

円座標 ······························ 179
遠心力 ···················· 129・130・148・170
起き上がりこぼしの原理 ············ 157
重さ ··· 16・102・104・110・114・116・120

## か行

回転座標系 ······· 180・182・184・186・188
外力 ······················· 32・38・40・42・47
角速度 ······························· 150
加速度 ······························· 66
ガリレオ ····························· 91
ガリレオの思考実験 ·················· 93
ガリレオの相対性原理 ··············· 172
慣性 ························· 69・70・72・74・76
慣性系 ·························· 175・178
慣性質量 ························ 101・107
慣性の法則 ············· 69・70・72・74・76
慣性力 ······························ 177
完全弾性衝突 ························ 205
完全非弾性衝突 ······················ 205
基本単位 ····························· 84
キャヴェンディッシュ ··············· 139
共通重心 ···························· 154
キログラム原器 ······················ 118
キログラム重 ··············· 103・119・120
銀河 ································ 136

| | | | |
|---|---|---|---|
| 銀河団 | 138 | 自由落下 | 98 |
| 空気抵抗 | 58 | 重量キログラム | 119 |
| 組立単位 | 85 | 重力 | 16・128・130・168・170 |
| 系 | 178 | 重力加速度 | 100・113 |
| ケプラー | 160 | 重力質量 | 101・107 |
| ケプラーの法則 | 161 | 重力定数 | 134 |
| 向心力 | 145・146・185 | 重力による位置エネルギー | 220・226 |
| 合力 | 21 | ジュール（単位） | 215 |
| 古典力学 | 56 | ジュールの実験 | 230 |
| コペルニクス | 160 | 磁力 | 51 |
| コリオリの力 | 186・188・190 | 人工衛星の原理 | 121 |
| | | 垂直抗力 | 36 |
| | | スイングバイ | 152 |
| | | 静電気 | 51 |
| | | 正の加速度 | 67 |
| | | 正の仕事 | 216 |
| | | 速度 | 62 |

## さ行

| | |
|---|---|
| 作用・反作用の法則 | 30・34・46・48・50・52・203 |
| 作用点 | 25 |
| 3次元座標 | 179 |
| 仕事 | 215・230・233 |
| 仕事率 | 217 |
| 仕事を求める式 | 215 |
| 質点 | 59 |
| 質量 | 17・18・102・104・114・116 |
| 始点 | 25 |
| 周期 | 150 |
| 重心 | 24・26 |
| 重心の運動 | 26 |

## た行

| | |
|---|---|
| 台風の渦 | 189 |
| 太陽系の天体の重力加速度 | 113 |
| 単位系 | 84 |
| 弾性エネルギー | 220 |
| 弾性力による位置エネルギー | 220 |
| 力のつり合い | 16・29・30・38・40・42 |
| 地動説 | 160 |

237

# さくいん

潮汐 ……………………………… 158
デジタルはかり ………………… 114
天動説 …………………………… 160
天秤ばかり ……………………… 116
電力 ……………………………… 217
等価原理 ………………………… 109
等加速度直線運動 ………… 67・78
投射体 …………………………… 143
等速直線運動 ……………… 64・69

## な行

内力 …………………… 32・43・44
2次元座標 ……………………… 179
ニュートン ……………………… 31
ニュートン(単位) ………… 81・103
ニュートンの運動方程式 … 81・82
ニュートン力学 ………………… 57

## は行

発電 ……………………………… 229
はねかえり係数 ………………… 204
速さ ……………………………… 62
反発係数 …………………… 204・206
万有引力 …………… 17・128・132
万有引力定数 …………………… 134

万有引力の大きさ ……………… 133
非慣性系 ……………… 177・178・181
非弾性衝突 ……………………… 205
標準重力加速度 ………………… 113
負の加速度 ……………………… 67
負の仕事 ………………………… 216
ベクトル ……………… 19・20・63
ベクトルの合成 ………………… 19
ベクトルの表記 ………………… 31
ベクトルの分解 ………………… 20
ペットボトルロケット …… 207・208
放物運動 ………………………… 143
ポテンシャルエネルギー ……… 219

## ま・や・ら・わ行

無重量 ……………………… 166・168
無重力 …………………………… 167
誘導単位 ………………………… 84
落体の法則 ……………………… 93
力学的エネルギー ……………… 218
力積 ………………………… 198・232
ワット(単位) …………………… 217

### 参考文献

『高校物理のききどころ1　力学とエネルギー』（岩波書店）
『物理学はいかに創られたか』（岩波新書）
『物理学とは何だろうか』（岩波新書）
『発展コラム式 中学理科の教科書』（講談社ブルーバックス）
『新しい高校物理の教科書』（講談社ブルーバックス）
『物理法則はいかにして発見されたか』（岩波現代文庫）

### [著者]
**松井シノブ**（まつい しのぶ）
東京都生まれ。早稲田大学理工学部機械工学科卒。理工学関係の編集・執筆を中心に活動。わかりやすく、イメージしやすい表現にこだわって執筆を行っている。
主な編・著作物：『マンガでわかる統計学入門』（小社刊）など。

### [マンガ]
**Kyata**
イラストレーター。マンガなども幅広く手掛けているマルチな絵描き。
主な作品：『マンガでわかる統計学入門』（小社刊）マンガ担当。
『ファイナルフィクション』キャラクターデザイン、『マクロスクロニクル新訂版』イラストなど。

### [スタッフ]
- 本文デザイン：FANTAGRAPH
- デザイン・組版・図版：遠藤デザイン
- 編集協力：毛馬内洋典　パケット

---

● **本書に関するお問い合わせ**

本書に関するお問い合わせは、①書名、②発行年月日の2つを明記のうえ、次の読者質問係まで電子メールかFAXでお願いいたします。お電話によるご質問や、本書の範囲を超えるご質問にはお答えできません。あらかじめご了承ください。
【マンガでわかる物理のキホン】読者質問係
電子メール　shitsumon@paquet.jp　　FAX　03-5577-5098

---

落丁・乱丁のあった場合は、送料当社負担でお取替えいたします。当社営業部宛にお送りください。
本書の複写、複製を希望される場合は、そのつど事前に、(社)出版者著作権管理機構（電話：03-3513-6969、FAX：03-3513-6979、e-mail：info@jcopy.or.jp）の許諾を得てください。
JCOPY ＜(社)出版者著作権管理機構 委託出版物＞

---

マンガでわかる　物理のキホン
2016年10月15日　初版発行

著　者　　松井シノブ
発行者　　富永靖弘
印刷所　　今家印刷株式会社
発行所　　東京都台東区台東2丁目24　株式会社　新星出版社
　　　　　〒110-0016　☎03(3831)0743

©Shinobu Matsui　　　　　　　　　Printed in Japan

ISBN978-4-405-04141-7